从林徽因出发
带你进行一场女人的变革

愿你成为最好的女子

——林徽因的女人哲学

王宇 / 著

中国华侨出版社
北京

图书在版编目（CIP）数据

愿你成为最好的女子：林徽因的女人哲学 / 王宇著
. — 北京：中国华侨出版社，2018.5
　ISBN 978-7-5113-7647-3

Ⅰ.①愿… Ⅱ.①王… Ⅲ.①林徽因（1904-1955）
—人物研究②女性—人生哲学—通俗读物 Ⅳ.
①K826.16②B821-49

中国版本图书馆 CIP 数据核字（2018）第 061823 号

愿你成为最好的女子：林徽因的女人哲学

著　　者：王　宇
出 版 人：刘凤珍
责任编辑：紫　岚
封面设计：韩立强
文字编辑：张爱萍
美术编辑：盛小云
经　　销：新华书店
开　　本：880mm×1230mm　1/32　印张：9　字数：250 千字
印　　刷：北京鑫海达印刷有限公司
版　　次：2018 年 5 月第 1 版　　2018 年 5 月第 1 次印刷
书　　号：ISBN 978-7-5113-7647-3
定　　价：38.00 元

中国华侨出版社　北京市朝阳区静安里 26 号通成达大厦 3 层　邮编：100028
法律顾问：陈鹰律师事务所
发 行 部：（010）58815874　　传　　真：（010）58815857
网　　址：www.oveaschin.com　　E-mail：oveaschin@sina.com

如果发现印装质量问题，影响阅读，请与印刷厂联系调换。

莎士比亚问：女人因为可爱而美丽，还是因为美丽而可爱？

对此人们各执一言。但不论怎么说，可爱也好，美丽也好，都是女性的姿本，女性是一道亮丽的风景线，而男人是欣赏亮丽风景的游人、过客，因为女性姿本的存在，更增添了风景的艳丽。不承认姿本的存在是不现实的，人天生就有姿本，关键是怎样利用姿本、善待姿本。希望人类姿本和价值并取，美丽和可爱同在，内在美和外在美共存，展现气质的高贵和神秘！

这里我们讨论女人从林徽因谈起，她是一个什么样的女人？她有着什么样的魅力，让几代人追捧，从她的身上我们能够学习到一些什么？如何才能像她一样成为一个出色的女人？什么样的女人才真正算是活出了女人味？

姿势、谈吐言行，展现一个人的方方面面，同时也展现出一个人的气质。走路的姿势，谈吐，无不留露出一个人的气质。"姿势"作为"姿本"中的一个，气质的"形体"，应好好把握好分寸，展现魅力自我。

每个人都有自己的姿态。问题在于，不是每个人都能找到适合自己的姿态，不是每个人都在坚持自己的姿态。其实，无论每个人以什么样的姿态生活，最重要的是要坚持，坚持超越自己。比如《阿甘正传》中奔跑的阿甘，就一个信念：奔跑，奔跑！当人人都在走或原地踏步时，唯有你在积极奔跑，不是超越是什么？这正是展现你气质所在的姿本。因为姿态，它是心灵内涵展开的场所。

一个人的真正魅力体现在气质之上，这是内涵的魅力，人格魅力的价值所在。

本书作为一本综合性的女性生活宝典，以将女人做到极致为基准，分别针对女性各个方面的问题做出详尽而细致的叙述，内容丰富、知识广博、文字简练、通俗易懂、实用性强，为全面打造精品女人提供了有效的保障。只要有心，每个人都能从中得到提示和印证，本书是我们将女人做到极致的心粮。

相信本书将是帮助你塑造精品女人的最佳读物，使你从此与众不同！做"精品女人"，就让我们从这里开始吧！

目录 CONTENTS

第九章

优雅的仪容举止体现魅力　241

第一章

脱颖而出的女人味儿

在这个世界上，所有真性情的人，想法总是与众不同。

——林徽因

什么是女人味儿？首先我们要明确的是，这里指的不是故作姿态，不是搔首弄姿……而是作为女人应该具备的，在一动一静之间显示出的独特女人味道，自内而外散发的属于女人的魅力。林徽因本人我们都没有见过，但是我们可以从那些模糊的黑白照片之中看到，这样一个女人，即使是静态的照片，也具有让人停留的魅力，她由内而外散发的魅力无处不在，她是如何打造出这样的魅力呢？

内涵体现女人味儿

　　毫无疑问，林徽因是一个有内涵的女人，她的涵养体现在学识、仪态、举止等许多方面。所以她才能从一代人之中脱颖而出，才能够成为几代人的回忆。在认识她的人之中，没有一个人否认过林徽因的魅力，由她我们可以看出，说一个女人美丽，那么一定不只是说她的外表，还需要看她的内在，如果一个外表漂亮可人的人，却出口成脏，言行举止令人生厌，这样的女孩子是不能称为美丽的。一个具有内涵美的女人才称得上美丽，特别是一个追求事业的女人。所以说，一个女人必须超越自我、内外兼修、增强素质，这样才能算是一个真正美丽的女人。

　　一个女人，就算是拥有着"沉鱼落雁、闭月羞花"的美貌，假如没有内涵，丧失了温柔，那么就可能会给人一种"金玉其外、败絮其中"的感觉。而且，对于女人来说，容貌是人生中一个最不长久的"伙伴"，它会在你不知不觉的时候跟着"岁月老人"去"私奔"，完全不会在意你愿不愿意老去；而沉淀在心中的内涵，会通过温柔把你全部的美丽毫无保留地完全绽放出来，这样的美丽绝不会受到岁月的侵蚀。从某方面讲，内涵的女人一定有极高的文化修养，与此同时也有着自己的事业，更会从内到外地保养自己。这样的女人才能保持住长久的美丽。

一个女人如果想要永远地得到人们的欣赏和赞扬，就一定要有丰富的内涵和极致的韵味，这样才能够让自己内在的高雅气质和高尚修养来弥补由于岁月流逝而带来的不足，只有这样才可以从心灵之中源源不断地溢出摄人心魄的魅力。那么，如何才能做到有思想、有气质、有内涵、有修养、有韵味呢？其一，要崇尚知识，加强学习，不断地接受新思想、新观念、不会被日新月异的时代所淘汰；其二，要有独立的思想和人格，不要人云亦云、随波逐流。其三，要保持良好的心境，这样才能够做到心胸坦荡，纯洁无瑕，不要有过多的奢望和贪婪；其四，要热爱生命，学会生活，要常怀感恩和宽容之心，不要怨天尤人，相信命运；其五，就是一定要做一个恪守原则的人，不违背社会道德，摒弃庸俗；其六，一定要有自己的爱好，这样亲朋好友聚会的时候你不会感到落伍；其七，一定要适当注重自己的容颜和穿着打扮。只要我们用心地去做了，那么内涵和韵味就会不断地丰厚。因为魅力是挑剔的，它只会为那些用心的女人而生；魅力也是慷慨的，只要你尽心，它的光辉无时无刻不萦绕你。

　　内在美的女人拥有健康的心灵、坚定的品格意志，还有超越自我的精神。杨阳是一个普通的女孩，11岁的时候，由于医生的误诊导致她高位截瘫。以臂为半径，杨阳的世界只有两平方米，她只能仰躺在床上，没办法侧身，也不能翻身，更不能坐起来。不过她一直坚信"天生我材必有用""前途是自己创造出来的"，她把生命的所有光亮全部集中到了一点上。就这样，精诚所至，金石为开，一扇扇沉重的大门在她面前打开了。连小学都没有毕业的她，靠着自学，最终成为了中国历史上第一个残疾女博士。因为这样的外在客观原因，如果光看外表的话杨阳真的算不上美，但她有超越自我的精神，对人生目标的执着和追求，却让她的内心美丽，让她周围所有的人感动。

内在美的女人在工作过程中，需要具备的是自强不息的进取精神。中国女排的姑娘们为了祖国的荣誉，心甘情愿地吃苦和奉献；她们自信、自强，从不害怕挫折和失败。她们把宝贵的自强精神和献身精神全部体现在了竞技场上，印刻在长期的奋斗历程中，书写在一个个金光闪闪的奖杯上。由于繁忙的训练，她们也许疏于打扮，没有时间顾及自己的外在"美丽"，但是就算是岁月的痕迹悄悄爬上额头，也丝毫没有带走她们的智慧、自信、热情和激情，岁月带给她们的是更加丰富、精致的内心，带给我们的是力量和鼓舞。

生活或者工作中，许多的女性由于拥有着智慧和才华，举止优雅得体，这样的女性通常情况下具有一种从心灵深处源源溢出的摄人心魄的魅力。内在的高尚修养和高雅气质足以弥补其外在的不足。女人只有深层次地挖掘这些内涵特质，才可以更加自然地展示出自己的魅力。

具有韵味的女人是有内涵的，她用青春和生命坚守和营造出了温馨甜蜜的家庭，她温柔的双肩能够义无反顾地挑起婚姻、家庭、责任的担子；她用不断成熟的心态为自己日益成熟的容颜增色；她用理智的思绪面对世态炎凉、人情冷暖；她用淡泊的心态来读人生的风雨雷电，看万紫千红；她用坚强的胸怀包容人间沧桑，大起大落；也许她会经历不幸，不过却依然会嫣然一笑，笑对生活。

女人的容貌靠的是"养"。而这个"养"分内养和外养，内养是根，什么是内养呢？是学识、阅历、气质、品行、世界观，是精神和心灵；外养是形，指的是养生、美容、化妆，是驻颜有术，花开不败。只靠内养的女人生硬、呆板；只在意外养的女人浅薄、缺少韵味，只有内外兼修的女人才会散发出恒久的风情和韵味。所以说，女人一定要注意自己内外的修养。

古人云："腹有诗书气自华。"说的就是，读书可以让人洋溢出与众不同的高雅气质。读书能修身养性，陶冶情操，可以达到提高人们思维能力的作用，扩展人的学识视野，能够净化人们心灵上的浮尘。所以，女人一定要经常读书，这样才可以让自己的性格、思想、涵养、素质、修养等都得到潜移默化的升华。一个女人只要经常读书学习，那么她不只是有学识、有修养，并且还有思想、有深度，会焕发出一种娴静淑然的气质和雍容文雅的气态。所以说，聪明的女人不只是会借助化妆品和服饰来装扮自己，与此同时也会更注重其内在美对周围人的影响。

在现实生活中，仔细观察喜欢读书的女人，通常这样的女人都是知书达理的。知书达理的女人，才会与人为善，才能得到上司、同事及家人朋友的认可，才可以受到更多人的欣赏和欢迎。一个爱读书的女人，她的生活一般都比较充实，虽然有时候有那么一些女人外表看起来欠佳，不过透过她们的外表看其内在，却能发现她们的内在相当的成熟、稳重、自信、有内涵、有气质，浑身散发着一种迷人的魅力。

到底是花儿的娇艳使蝴蝶变得美丽，还是美丽的蝴蝶使花儿变得更娇艳呢？现在大部分的女性都更加注重外在的打扮，因此而忽略了内在的修养和知识的补充。她们有些甚至对于最近世界上发生了什么事情都一无所知。跟一些男性朋友或男同事一起饭局的时候，谈论时事经济插不上嘴，忽闻换了话题，不过谈及风月，她们又不好意思插口，坐在那里只有涨红了脸灌饮料。不过她们的内心之中又何尝不想涉足男人的世界，但回头一想，自己的时间都花在外表装扮上了。她们不知道有没有想过，青春一去不复还的时候，这里还有自己的位置吗？她们现在无疑成为饭局的装饰品。

有个女孩容貌娇美，穿衣服也很时尚，不过就是一开口就不大文雅，一提笔写的都是错别字。由于缺乏教养，很多人都不喜欢她，甚至连同她漂亮的外表也产生了厌恶。她就像是一束没有生命的塑胶花，一个人没有知识就很容易展现出自己浅薄无聊的一面，缺乏教养就会变得庸俗不堪，哪还有什么魅力可言？据调查，现在70%以上的男人都希望自己未来的妻子是一位知书识礼、温柔体贴、外貌端庄的人。所以说，知识更是女性魅力的源泉，一个有教养的女性才能够慢慢走向完美。

由此可以看出，漂亮的脸蛋和匀称苗条的身材只能体现一个女人外在形象，而一个内在富有魅力的女人，通常你都会最终改变最初对她的印象，从而乐于和她接触，并且乐于把内心的秘密倾诉于她。你会觉得她越看越漂亮。

某都市报时尚版上刊登过这样一篇文章，讲一个清秀婉约的年轻女孩，倾其全力执着于自己的追求，在不经意间，就使自己成为了一个完美女人。当别人向她讨教成功的秘籍时，她只是简单地回复了两个字："坚忍。"是啊，女人要做一个内外兼修的凤凰，没有经过烈火洗礼，哪里来的涅槃？所以，要成为完美的女人请记住，完美女人的每一分道行都是修炼出来的。

女人的美，是由内而外产生。有深刻内涵的女人，就算是她没有出众的相貌，但她由内而外散发出来的那种内敛、知性同样可以使她变得可爱美丽。

谁也没有办法阻止岁月给容颜和体态留下的印痕，青春和美貌是没有办法永远保留的，只有丰富的文化内涵和美好的心灵所赋予女人的气质和修养，会使一个女人在不同年龄段都具魅力。青春的美貌只能够漂亮一时，而由气质慢慢积累出来的魅力则会美丽一世。

不断丰富自己的内涵，培养高雅的气质，保持自己的善良温柔，做到自尊自爱、自强独立、不断进取，你就会成为一个有魅力的女人。

时间能够让一个女人的容颜老去，却也可以让女人展现出经历岁月的积淀之后，才能够焕发的美丽。这份真正的美丽就是女人的内涵、修养与智慧，其就像秋天里弥漫的果香一样，由内而外地散发出来。有内涵韵味女人的美丽不绝对不只是流露在表象和姿态，她依旧年轻的心在都市流动的喧嚣中，悠然地保持着宁静，轻松驾驭着生活的脚步。

女人靓丽的容貌最终都会衰老和逝去，而坚毅、优雅、无私、博爱的内在气质却可伴人终身。女人，只有内在美，才是真的美！

自立之外学会倚靠

很多人都对林徽因的感情生活非常感兴趣，我们不妨想一想，为什么当时的青年才俊都会对林徽因产生爱慕之情，这里我们从她和徐志摩的两任妻子对比来看，张幼仪是徐志摩的第一任结发妻子，这个女人属于传统意义上的好女人，传统女性较之林徽因就欠缺了灵性和自我的思想。另外一个是当时的名媛——陆小曼，从"名媛"这两个字我们不难看出当时陆小曼的光环，很明显她不是一个简单的角色，可是她依然没有取代林徽因在徐志摩心中的位置，这是为什么呢？因为林徽因美中带俏，没有名媛那种世俗气，更重要的是，林徽因有着自己的思想，更能够在适当的时候让身边的男人有一种被依赖的感觉，这种依赖不是陆小曼变成徐太太后无止境的索取，也不是张幼仪的一味迁就，以丈夫为尊，是一种女人对于男人适度的依赖感。

如果让男人在漂亮、才华、可爱、好强四种女人中选择，他们一定会选择那个没什么地方出色，但是却非常可爱的女人。这是由于：漂亮的女人太虚荣，有才华的女人太漂浮，好强的女人太强悍，而真正能够让男人疼惜的还是那种偶尔撒娇任性的可爱女。

好强，是一种十分顽固的性格，一个女人如果好强起来，通常就会出现"江山易改，本性难移"的情况，就如同穿上了一双魔鞋，最终无法停下来。

女人过于好强，是最大的错误

由于任何一个人都有着自己的立场、观念和思想，所以，身为女人必须要适当地丢开自己好强的个性，不要总是用自己的方式来要求另一半，也许在恋爱的时候你感觉他是让着你的，不过结了婚，他就一定会出现忍不住的时候。

徐枫在外贸公司工作时，认识了在外贸工厂做单证的小雅，那时候，小雅给他的感觉就是一个小巧玲珑的人，虽然外貌谈不上很漂亮，不过也不丑，而且很天真、可爱，没有什么城府，然后两个人就开始了恋爱而且同居了。

之后，他们两个的关系越来越亲密，就约定到小雅家所在的城市开公司做外贸工作，这是由于那里的工厂也比较多，所以做起来相对容易。徐枫于是，转让了所有东西，准备和小雅一起重新开始奋斗。

不过没过多长时间，小雅好强的个性就显露出来了，徐枫告诉小雅不要去做的事情，小雅就一定要去试试，正因为这样两人不可避免地开始了吵架，一旦吵完架，就算有再大的事，小雅也都不再管。终于有一天，吵架之后，小雅找人帮忙把她的东西搬走了，把徐枫自己一人留在这个城市里。

又过了一段时间，两人进行了一次谈话，并且和好了，不过工作却分开了。没多久，徐枫在做一个大单的时候出现了严重的错误，赔进去了许多钱，也就是从这时候开始他变得一蹶不振，很是苦恼。这期间，小雅不仅没有来安慰徐枫，反而还埋怨他拖了这么多年，并且一直逼着他在这个城市买套房子，准备结婚。这更让徐枫感到苦闷。徐枫认为，小雅心地不错，但就是太好强了，并且他也好强，两个性格相同的人，一旦结婚了，那么势必会常常发生争吵，甚至会导致婚姻破裂。

女人，假如不是那种一开始就下定决心想要独守一生的人，就不要争强好胜。不论是男人有多么懦弱，或多么坚毅，通常情况下都不会喜欢和一个争强好胜的女人相处。他们更希望自己能够成为老婆心中的强者和港湾，希望在老婆遇到困难的时候，可以挺身而出，希望自己可以给老婆一个安全的港湾。也许有人把这个看作是大男子主义，但这其实没有什么，作为男人，他们需要担负起养家糊口的重担，社会上的绝大多数人也这么认为，这一点所表现出来的并不是男女不平等，而是男女角色不同，分工不同。女人的学历、收入高并不是问题，长得漂亮也不是问题，但是如果用这些来压制男人，那就存在问题了。

女人别太好强

女人太好强，男人会在一定程度上产生放心的心态，不过也会让男人心里有一种失落感，因为男人本身就代表着一种力量和责任，他们喜欢征服，只有将体内这种能量完全发挥出来，才会有成就感。女人太好强，也并不是说完全就是一件坏事，不过在好强的同时，也一定要懂得小女人的柔情，万不可将男人的面子踩在脚底，不然的话，不论你跑多快，总会有摔倒的时候。

陈淑静的老公钟涛是某大型公司的财务总监，在公司也算是一个有地位的人。而陈淑静则是一位彻头彻尾的女强人，独自一人在外面做生意，并且还爱好赌博，除了赚钱和赌博之外，家里的事基本上都不管。

钟涛身高只有一米六上下，其貌不扬，并且常常会戴一副厚厚的眼镜，年龄比陈淑静大5岁，而陈淑静身高将近一米七，再加之交际的需要，她总是把自己打扮得像一个大姑娘，所以，两人在外表上一直都很引人注目。当初，陈淑静之所以嫁给钟涛，是因为那时的她还只是一个高中毕业没工作的小丫头，而钟涛已经是一个大学生，并且还有一份稳定的工作。陈淑静身边的朋友都说："外表看久了就会习惯，有个铁饭碗才是最重要的。"于是，陈淑静就决定嫁给了钟涛。

后来，陈淑静跟朋友学做生意，没过多久生意就越做越大，因而每个人都羡慕钟涛有福气，娶到了一个既漂亮又能赚钱的老婆。但站在钟涛的立场上，不能不说这也是他的不幸，一个大男人在外面忙完工作，回家还必须要做家务、带孩子，与此同时自己的老婆却在外面赌博。因为这些，钟涛非常苦恼。没多久，他便出轨了，对方是在电话亭里卖杂志、报纸的女人，这个女人已经离婚很长时间了，年龄比钟涛要大几岁，并且还带有一个十二岁的孩子。

对于这样一种情况，很多人都不明白钟涛为什么会做这样的事情，怎么说，陈淑静也比那女人年轻漂亮，而且又能赚钱。钟涛则说："虽然这个女人什么都没有，但至少她能让我感觉她像个女人。"这样的回答让所有人都震惊了，在钟涛的心里，他要的仅仅是一个像女人的妻子，并不需要她多能干。之后，陈淑静有意挽回，还承诺什么都不计较，不过钟涛仍然选择了把财产和房子都留给了陈淑静后，很干脆地走了。

　　为了自己的女人和家庭而努力打拼，这样就算男人活得有多么的累，他们都会满足，很有成就感。他吃得简单、住得简陋，这都没什么问题，在他的心目中，只要能让自己的女人漂亮、光彩照人就行。作为女人，内心就应该充满幸福感，为有这样一个男人而骄傲，万不能太好强，否则会造成意想不到的后果。

　　在平常的生活中，有些女人一辈子都在争，争男人的爱情，争家庭的地位，也争社会的权利，争到了一些，不过同时也失去了一些重要的东西；而有些女人，不要强，不挑剔，却始终处于幸福之中。

宠辱不惊，做独特的自己

　　世间的事情总是无常变幻的，没有多少人可以说得清楚。于是，人们就在这难料的世事中挣扎。幸运时，人们欢呼雀跃，希望这样的生活可以永远继续下去；悲伤时，人们以泪洗面，希望这样的日子能够早点结束。不过，世界并不会因为这样而发生任何改变。所以，以物喜以、己悲的人只能痛苦挣扎，重复着一日又一日的艰苦人生。

跌倒了爬起来，明天更美好

人一生要面临非常多的不同境遇，喜怒哀乐都要尝遍，没有人可以逃过这个人生安排。但是大多数人却不明白这个道理，只愿意沉浸于幸福的时刻。而当面临失败的时候，总会有各种各样的理由让自己难过。这种现象在女孩中最为常见。

林徽因曾经也遇到过看似走不过的坎，那一年抗日战争正式打响，林徽因与梁启超为了躲避战争迁至云南，与此同时营造学社的前景也变得一片黯淡，营造学社的资金出现了严重的问题，也没有了所长，这样战乱的情况下也没有了工作人员。梁思成和林徽因一直希望营造学社重新活过来。但是在这样一个物价飞快上涨、手里资金急速贬值的情况下，想要实现这样一个想法，可谓痴人说梦。这时候的林徽因才真正感受到生活的压力，他们为了基本的生活，不得不做自己讨厌的事情，他们开始发挥自己的专场，给当时的一些财主和奸商设计房子，这样的事情如果是原来，他们是死活不会做的，但是到了这一步，也不得不为生活奔波，可是与财主和奸商打交道远不是那么简单，挑剔，没礼貌，报酬还相当不稳定，但是他们没有任何办法。

在逃难过程中他们的生活可以说真的到达了难以想象的程度，林徽因和梁思成为了生存也曾经自己建造了一个房子，但是就是这个房子让林徽因有了这样的感慨："它费了我们认为能付得起的两倍的钱。""现在我们已经完全破产，感到比任何时候都惨。米价已涨到一百块钱一袋——我们来的时候是三块四——其他所有的东西涨幅差不多一样。今年我们做的事没有一件是轻松的。我在告诉你们我们在做什么和我们的境况如何时真不好意思。思成到四川去已经五个月了。我一直病得很厉害，到现在还没有好。"

林徽因给自己的朋友费慰梅夫妇的信件当中，也对她的生活境况做了大致描写："生活是艰难的。冷热自来水都没有。买的第一件东西就是一口陶制的大水缸，它有三到四英尺高，用来储存挑进屋里来的水。对一个家庭来说，一口水缸是如此重要，以至于一座烧缸的窑开张时女人们彼此拥挤甚至打架，唯恐买不到。烧饭是俯身在一个三条腿的火盆上做的，它的顶部离开厨房的泥地不过 18 英寸。它只能支一口锅。燃料是煤灰和泥做成的煤球。它们必须被煽旺到能做饭的程度。如果要洗澡、洗衣或洗碗，就得从水缸里舀出水来，在这个或另一个'炉灶'上烧热，任何家庭要是有一个大热水瓶来储存热水，就把它当成家中最宝贵的财产。除此之外还要冒着尘土或泥泞跋涉到村里去购买买得起的食品并带回家。这事必须天天做，因为冷藏根本不存在，连想都没想过。当然没有电话或运输手段。照明用菜油灯，但那也很贵，所以最好还是跟村民一样，天黑下来就睡觉。要更换孩子们穿破的或显得太小的衣服是个大问题。布差不多没有。""我一起床就开始洒扫庭院和做苦工，然后是采购和做饭，然后是收拾和洗涮，然后就跟见了鬼一样，在困难的三餐中间根本没有时间感知任何事物，最后我浑身痛着呻吟着上床，我奇怪自己干嘛还活着。这就是一切。"

总体来说，林徽因就是在这样的日子里生活着，很明显她对当时的日子是极度不满的，但是又不得不接受现状，她抛下了自己从前的一切，开始了普通农妇的生活，林徽因与梁思成这个时候已经彻底地变成了穷人。但是林徽因对于自己建造的房子还是非常喜爱的，她甚至以此为荣，即使这个房子使他们不得不面临穷困潦倒的生活。

知道他们困境的费正清和费慰梅夫妇劝他们到美国去养病，林徽因的回答是：我们的祖国正在灾难中，我们不能离开她，假如我们必须死在刺刀或炸弹下，我们要死在祖国的土地上。

跌倒了，没什么可怕的；世人漠然，也不需要感到可悲，这或许就是一个人来到世界上所要学习、体会的课程。人总是太注重自己的感受和别人的看法，成人对这些更加敏感。随着年龄的增长，我们没有更加成熟，相反却丢掉了难得的童真。聪明的女孩却不会这样，她们永远像小孩那样宠辱不惊，跌倒后，很快爬起，啃自己的苹果，展自己的笑颜。

一切皆虚无，淡泊方可明志

人来到这个世界上是为了什么？有人说："为了钱。"有人说："为了权。"有人说："为了活着。"众说纷纭，没有定论。但是有一点却是肯定的，那就是：光着身子来，两手空空走。纵使你是家财万贯、位高权重还是才高八斗。

曾经的你也许真的很糟糕，曾经的你或许极其优秀，但是那都已是"曾经"。没有人可以永远抱着过往生活，只有"现在"才是你的生活。其实，从某种意义上来说，"曾经"和"现在"是没有任何关系的。所以，聪明的女孩应该认真地生活，开心地工作，宠辱不惊、淡泊明志。

任何一个人都期望自己成为一个成功的人，不过到底什么样的人才算是成功呢？从古至今，人们都将拥有金钱、权利、名望看作一个成功者的标志。于是，人们追逐、占有、挥霍，仿佛是一个极其成功的人。事实却不是这个样子，纵观古今，我们发现这些人都并无大作为，生活得也并不幸福。而真正可被称为成功者的人一般都是那些不以物喜、不以己悲的人，跌倒了拍拍尘土站起来，成功了微微一笑走过去，不为任何浮华牵绊。所以，聪明的女孩都应该让自己成为荣辱不惊的人，若能如此你定是一个成功的人，至少已经是一个不平凡的人。

学习是一辈子的事儿

不可否认，年轻漂亮是一个女孩不可匹敌的资本，年轻漂亮也最能吸引人，可是不要忘了，这只能把机会吸引过来，如果想留住机会，只能靠智慧。而林徽因恰巧有着与美丽相辅相成的才气。文洁若的《才貌是可以双全的——林徽因侧影》中有这样的记载："欧洲文艺复兴时期，曾出现过像达·芬奇那样的多面手。他既是大画家，又是大数学家、力学家和工程师。林徽因则是在中国的文艺复兴时期脱颖而出的一位多才多艺的人。她在建筑学方面的成绩，无疑是主要的，然而在诗歌、小说、散文、戏剧等方面，也都有所建树。"

一个有修养的女孩是一定不会把手里的书本"放"下的，而喜欢看书的女孩也一定是一个充满智慧的知性美女。知识能够改变命运，这不管是在什么时候都适用。不管在任何场合，你必须要承认，谁掌握了更多的知识，那么就有更大的可能性获得成功。对于年轻的女孩来说，想要提升自己学习是最佳方法。

都是不学习的结果

一本有深意的书，能够教会一个人许多道理。一个女孩是否有看书的习惯只要一开口便知。如果一个人能够不断地对于知识进行探索，那么这个人就会在无形中增加自己的社交砝码，一个优秀的人是不会喜欢和一个肤浅的女孩做朋友的。

一些自以为自己长得漂亮的女孩子，每天浓妆艳抹，费尽心机地用外表讨好自己喜欢的人，可是，很多时候喜欢的人也最终成了她们生命中的过客。究其原因，就是因为她们用于打扮的时间比学习的时间要长得多。

小风是个非常漂亮的女孩子，个子高挑，一头披肩长发，因为她美丽的外表吸引了不少追求者，这一点让小风有点得意忘形了。她从众多的追求者中找到一个自己喜欢的人，他们恋爱了。这个男孩是某公司的职员，小风每天沉浸在男友的关怀中，感受着男友的悉心呵护。小风毕业后很长时间都没有找到一份合适的工作，她想考个教师资格证，然后到男友的朋友所开的幼儿园上班。她的这个想法也得到了男友的大力支持，为此男友还给她买了很多的参考书籍。刚开始小风还翻看几页，可是后来，她越来越觉得无聊，慢慢地，这些书也落了厚厚一层灰。男友也很无奈。

最终小风找了一份销售的工作，不过下班以后总是向男友抱怨工作怎么辛苦、怎么难做，最后，没有超过三个月的时间她就把工作辞掉了。小风喜欢逛街，一到周末她就拉着男友到街上去，完全不顾及男友是否疲惫。回到家小风做的第一件事情就是打开电视看那些没有任何意义的肥皂剧。男友给她讲工作过程中遇到的事情，她也只是说："我又不懂，跟我说有什么用啊！"男友看着她也没说话，这时，男友多么希望小风能给他一点建议，哪怕是没有用的建议。

小风把很大一部分时间都浪费在了逛街、看电视上，却从没想过用这些时间去学点东西。有时，男友说："小风，你时间这么宽松不如去学习一些东西吧，不然以后怎么生活啊？"可是小风却说："有什么好学的，在学校还没学完啊？"小风一直认为，以自己的美貌完全没有必要用知识去装饰，她认为只有那些长相欠佳的女人才拼命学习，用知识弥补自己的不足。

小风大错特错了，男友因为没办法忍受她无所谓的态度而提出了分手。小风当时就傻了，她说："为什么要和我分手，是因为我不漂亮了吗？还是你喜欢上别人了，她是谁？有我漂亮吗？"小风一连串的问题让男友不知道该怎么回答。最后，男友说："你还是和以前一样漂亮，只是我想我的女朋友能在我困惑的时候能够安慰我，能和我有共同的语言，能和这个社会平行……"

学习不只是能够改变自己的命运，并且也能够塑造独立的形象。女人是柔弱的，不过这份柔弱不是没有办法改变的，能给这份柔弱注入力量的就是知识，知识是女人取之不尽的资源，也是女人的财富，所以千万不要放弃学习，不然会让故事中的小风一样，摆脱不掉被抛弃的命运。

长得漂亮的女孩是幸运的，可是不能自恃漂亮就放弃学习，知识是比样貌更加重要的东西。一个女孩如果只是徒有外表而没有内涵，那么只能是一个花瓶。可是，如果你才华横溢，经过生活的历练就会变得光芒四射。

知识改变命运

善于学习的女孩是聪明的，这样的女孩不仅能成为一个知性、有智慧的人，而且还会得到他人的喜欢。有句话说得好，男人改变世界，女人改变男人。女人用什么改变男人，那就是自身的知识。是的，知识的力量是伟大的，所以一定不要小看了学习。

紫涵是一个很漂亮的女孩，一双大大的眼睛非常有神。从小她就没少听赞美之声，可是她并没有把这些作为自己生活的全部，并没有因为自己得天独厚的资本而放弃学习。在她心里还是认为，女人不能不学习，不学习总有一天会被这个社会所淘汰。

紫涵大学毕业了，到了一家外企工作，不过她并没有因此而放弃学习，她利用各种机会学习，比如向前辈学习，回家以后她就尽可能看和工作有关的一些新闻，她也没因为这样而感到累，反而觉得很充实。不知不觉，她参加工作已经半年了，由于肯学习，所以她的工作能力得到了部门经理的肯定。

在一次全体会议上，公司在讨论一个方案，由于这个方案非常重要，所以就让全体员工都参与进来。有很大一部分人都没有发言，不是不敢，而是不知道要说些什么。紫涵看过了后，其实在心里面已经勾勒出了一个大概，这是由于她平时就经常收集一些这方面的资料，所以对于这些都非常的熟悉。她大胆地站了起来，开始对自己的观点进行阐述，这让在场所有的人都很吃惊。因为对于一个刚刚毕业且参加工作只有半年的员工来说，这样的见解的确让人震惊。

最终紫涵所提出的方案得到了老板的认可，并且还让她亲自来负责这个方案，这对于紫涵来说是求之不得的好机会。紫涵为了让方案更完善，她利用休息时间又做了大量的调查，最终也是由于这样一个方案，刚到公司短短半年的时间，紫涵就荣升为了经理助理，这在以前是根本不可能发生的。同时，紫涵在这个过程中也收获了爱情，原来高大英俊的部门经理对紫涵早就心仪已久了。

如今的社会，女人早就已经不是那种躲在阁楼中绣花的角色了，而是需要在社会上奔波忙碌。女人要想在社会上立足，要想和男人平等，首先就要自立自强，而只有知识能完成这一目标，知识能够把女人的柔弱武装起来，让女人变得坚强。

任何一个女孩都要学会成长，不管是在心理上还是生理，不过最重要的就是知识的丰富。知识能够使一个女人得到幸福，就如故事中的紫涵一样，不但在事业上取得了成功，还收获了爱情。

聪明的女孩不会放弃学习的机会，因为她们知道放弃了学习就等于是对于自己的放逐，也等于是放弃了属于自己的幸福。所以，她们在成长的过程中不断地充实自己，这样才能够保证自己与这个社会不会脱节。聪明的女人知道，漂亮的脸蛋是老天对自己的厚爱，可是后天的幸福是要靠自己来争取的，而争取的资本就是知识。聪明的女孩知道，要想有更好的生活就必须学习更多的知识，养尊处优只会让自己失去一切。

第二章

过目不忘
尊贵气质

喜欢的就要拥有它，不要害怕结果。

——林徽因

外表美是上天的赐予、父母的成全，这也只是一个人美的第一步。小美美于外形，大美美于气质和心灵，一个如林徽因这般美丽的女人，多半是因为她拥有着，于千万人之中一眼看到就挪不开眼睛的气质。

斯文平静—安静的气质之美

　　林徽因的成长是那种静静开放的过程，她如同一枝百合花，在书卷之中获得了一种独特的安静，从没有想过自己会长成何种模样，但是却意外的亭亭玉立，她那么安静地等待欣赏自己的人出现，这样一种安静而美好的状态形成了林徽因一种恬淡的气质，她安静温婉，气质如兰，这才有了徐志摩的偶然：

　　我是天空里的一片云，

　　偶尔投影在你的波心——

　　你不必讶异，

　　更无须欢喜——

　　在转瞬间消灭了踪影。

　　你我相逢在黑夜的海上，

　　你有你的，我有我的，方向；

　　你记得也好，

　　最好你忘掉，

　　在这交会时互放的光亮！

　　是的，她就是这样无法预料不可预期地出现了，那么安静、那么美好。

安静让人沉思，安静让人淡然，安静让人微笑，安静蕴藏着不同层次的美，包含很多很多的内容，因为那是一种"心静自然凉"的气质美，这是一种过程，是一种领悟，是一种心境，是一种气质，是一种别样的美。

安静女人的内在美

女人的安静并不是作秀，之所以要分开，是因为作秀的安静里面隐藏着欲望的躁动；安静也不是沧桑之后的深沉，安静只是一种默契的对视，是一种会心的微笑。安静，是一道风景线，当你与之相遇时，耳朵和眼睛已经关闭了，而此时，心却全然地打开。

安静的女人，就像是一汪清泉，能够把感情洗涤得纯洁而宁静，有了这份宁静，女人就会愈加风情万种，令人迷醉；安静的女人，就像是温暖的港湾，能够使彼此的心不再有负担，温情传递，感情不再漂泊；安静的女人，睿智的宽容，对爱充满信任，永远不会咄咄逼人，爱在理解中升华，爱会因为安静而愈加迷人，女人也因为安静而更加神秘。

安静的女人，就像是茶。茶，没有张扬与装饰，没有声明与渲染。只有当你独自静静地品味它的时候，才能够懂得其中的韵味，它才在默默之中表达着自己，传达着它的内蕴。这其中很有单独个体性。千人品茶千人味，那就看你的造诣与悟性了。

安静的女人，明白是放在心里的。由于非常清楚明白了，她也就没有什么要多说的了。很多女人话都非常的多，那是由于女人的心不够宽敞，装不进许多的东西。所以，她就会像除空地皮一样，把那些原本应该藏在心里的东西慢慢地掏出来。安静的女人，心往往宽敞，她不急着腾出空地来装东西。她有的是心灵的空间。

安静的女人通常都是心平气和的。她们对于人世的快乐视如珍宝，一点一滴都可堪回味，也就没有那种饕餮之徒的饥饿感。她们了解自己真正想要得到的是什么，也就不会因风追云，整天忙得手脚不够用。

许多女人，每天都是鼻子朝天，就好像整个世界的人都比她矮那么半截。不该她说话的时候，也会上去指手画脚一番，就如同她说的任何一句话都能被当作金玉良言一样。安静的女人是谦虚的。她知道各人有各人的位置，僭越不光是无理的，更是可笑的。因此，也可以说安静的女人是自重的。

事实上，安静的女人有着一种因为自信而产生的沉着，聒噪的人通常都是由于不自信。因为自信，她们才不屑于像摆地摊的那样，整天吆喝个不停。

安静的女人用不着让别人去鉴定、去认证，这不是由于她没有要求，她只是安静地，一如深谷的幽兰，不以无人而不芳！安静的女人舞动着，她也是安静的。而喧嚣、躁动的女人哪怕是无语，也能让人感到一阵阵的燥气。安静的女人是一种静谧的美，不过不是所有的人都可以体会得到那种美，那种安静的韵味只有有心人才能寻味出来。

安静的女人有一种智慧。这智慧能够让她透过现象看本质，让她表现出一惊一乍的波澜起伏是一件很难的事情。同时，安静的女人是与人为善的，她不会用语言作武器，在传播是非中达到攻击别人的目的。

明代的才子张潮曾说过一句话，大意是这样："情之一字所以维系世界，才之一字所以粉饰乾坤。"假如安静的女人能够更多一点的情趣和智慧，那真是不世而出的天之骄子了。安静的女人，只是静默与之对坐就有一种美感，就是一种享受。才情一定是多数女人心中欣欣向往的，但她一定是安静的才好！

有人这样说，女人就如同一味药，安静的女人是阿司咪唑，能够有效地治愈男人的心性过敏。也许安静的女人真的是大部分男人都向往的。安静的女人首先应该是温柔的、善解人意、明理谦逊的。她有善良而宽敞的胸怀，她耐得住寂寞而且知道珍惜人间的快乐，更要有蒙娜丽莎那样温柔而又温暖的笑。安静不是刻意的，它是自然的流露，在不知不觉之中能够让你领略到女人的魅力。安静不是刻意的、人为的，它是自然的。你只要自然了，你就快乐了，也就不躁动了，这时不管是静还是动都会显得那么的美。犹如一杯醇香的酒绵绵而悠长，会让人沉醉不醒。

到底怎样才算是安静呢，安静就是你应对生存以外，单纯快乐地做自己喜欢做的事情。安静下来的女人，会除去过多的复杂，总会寻些赏心悦目的事来慰己，她们有的学了一技之长，比如刺绣、弹琴，有的养了一隅的花花草草，有的在文字中恬然穿行，也有的因小烹小炒成了一位可爱厨娘。这样的女人往往神态凝芳，笑容淡定，举止从容。用心体会就会发现，原来安静的女人是最美丽的女人。

安静的女人，会把一些东西放在心里面。因为很明白，所以她也就没有什么要多说了。别人所说的话，是不能多听的，听多了，就糊涂，心里就起噪。就是因为看到了本质，所以，要叫她表现出一惊一乍的波澜起伏，就比较不容易。

能在窗下读书的女人是最美好的。而她的幸福源泉则来自于内心的平静。她沉浸在文字编织的故事之中，用眼睛做浆划开世俗的波浪，去寻找遥远的精神彼岸。她没有时间唠叨饶舌，没有时间搬弄是非。就连翻动书页的声音都是轻轻的，如同微风一样吹过草地。书像一道墙，把世俗的噪音和那些烦恼都隔开了。但她的眼睛却能分辨书上最细微的声音，并用自己最虔诚的眼泪作答。

这就是读书的女人，读书的女人最美！美在她的那份安详和执着，那份与世无争和从从容容的端庄。

气质，安静的魅力

气质对于一个人来说，就如同是胸腹之间的一股气，看不到摸不着，却决定着一个人留在别人心里面的印象。气质，是一种魅力的体现。每个人都具有超凡气质的潜质，只要人人顺应自己的先天气质精心打造，定能培养出超凡的气质。

有的人愿意体会欢腾落幕后的沉寂，其能够给我们带来一种激动的回味，还有等待再次激动的渴望。一个人，能够如同蝴蝶也能够像蜜蜂飞舞于绿树花丛之间一样，从一个风景到另一个风景，欣赏或者劳作；而他的心更应该像一支安静的百合，不染尘埃，千酝百酿，等待花开时刻。一次相逢，一场相聚，有可能你是沉默的，也可能会被忽略。有时候，安静与沉默才是征服一个人的重要工具，比如，争吵，突然安静的氛围更能震慑对方。

当我们忙碌了一天，工作结束，身心俱疲。坐在一个幽静的小院子里，手中端着一杯香浓的咖啡，靠在舒适的躺椅上，鼻中满是咖啡那浓得让人欲醉的香气，眯眼看着西边那抹残红如血的夕阳，欣赏着这落日的美景。

不知道这时候的你有一种怎样的感觉呢？这幅画面就是恬静，能将你身心的疲累洗涤干净，享受那份安静。

　　恬静，你曾经是否遇到过有如此气质的女子！她给你的感觉就是那幽静的小院，那一杯香浓的咖啡，那舒适的躺椅以及那凄红如血的残阳。她就是这么安静，在她的身边，你永不会感到生活的忙碌与紧张。生活似乎就是像她一样的安静，整个世界似乎都是这么安静。

　　她的身上总会带有一种"采菊东篱下，悠然见南山"的悠然自得，与"淡泊而明志，宁静以致远"的淡然处之。就算是简单地看着她，你也会感觉到生活的安逸与轻松，忘记疲累，忘记烦恼！品味这样的女人，就像是品你手里的咖啡，品尝着它在你口腔中的芳香，体会那滑入腹中的温烫，似乎从你腹中扩散到全身，又从你身上三万六千个毛孔中蒸腾而出的感觉。这种舒爽是无法言喻的，只有你亲自体会以后，才能了解到它的美妙。

　　恬静是一种心态，是劳作之后的安闲。恬静如同一道风景，就像是清凉夜色中如水的月光，星星的密语。恬静在脸上，心灵更深邃；恬静在心上，面容更柔美光亮。恬静是凝成一块冷玉的湖，孕育着风暴来临时的喧腾和激荡。恬静属于女人，如夜的温柔，流泪的烛光；恬静属于男人，如箭在弦上，进击前的冷峻。

　　一个安静的人，有洞若观火的洞察力，还有宽厚仁慈的心。其天生有判断是非的直觉，用博大和悲悯的胸怀去拥抱世界。只有这样的人才感到生活的温馨和甜美。

　　这样的魅力更多地体现在女人的身上。她与世无争，并不像男人那样去争夺那本不该属于自己的地盘，做好自己便罢。

　　有一种女人，温柔、恬静，她的坚强其实不在于她的外表，她的眼神单纯得透明，她有一种天然的气质，能够淡淡地面对一切。她不哭泣，不惧怕，没有了不起的理想，也没有什么无法克制的欲望，就算是有什么不公平、不合理困扰着她，她也习惯用温暖的方式对待世界，就好像温暖的雪，温暖地包裹着世界，安静但倔强，朴素而美丽。

女人都应该先把自己做好，不要每时每刻都想着怎样把身边的女人打败。当有一天你真正击倒了自己身边全部女人而鹤立鸡群的时候，是不是真的会高枕无忧而一劳永逸呢？作为一个女人，就希望自己永远平静的生活。这是由于女人应该有或者原本就应该有属于自己的一片天空。如，情感、心灵、艺术，还有家庭以及自己最贴心的女友。

在自己的世界里好好地安静地生活，生活就会出现另外一番情趣！

女人的生命过程，不需要许多的喝彩，就像这白色的百合，在喧闹中安静着自己，在美丽中开放着自己，在生命的机缘中把握着自己。它不会因为寂寞而孤芳自赏，也不会因为失落而自暴自弃，她和它都会因为自己的清雅脱俗而感到快乐。

女人就如同白百合一样，青春也会有散场的时刻，再漂亮的女孩也会找不到昔日的风华，但她的坚韧能够造就生活的长久，她的细致可以增添生活的密度，她的美德可以日益壮大，直到谱成一首美丽的人生之歌。

周国平说过："热闹之外的世界无边无际，那里有着我的位置，一个安静的位置。"当大海笑着涌起波浪，当海滩闪烁着厌倦尘世的苍白微笑，当波涛对着孩子唱着婴儿摇篮曲时，我躺在康河柔软的摇篮中，随风漂流，去追寻那个安静的世界。觅一方净土；让心灵安息，这对一个喜欢静的人来说，是一种无上的价值。

生活在城市之中的人们都喜欢小巷的安静，在那里他们能够感受到许多静的美。安静的小巷里，曾经上演着多少代风风雨雨的兴衰史。小巷安静的美景如此迷人，一条现代化的乌衣巷，燕子低飞寻觅旧家。淳朴永远是小巷的主题曲，老百姓永远是小巷的主人。怪不得柯灵这样赞叹道："巷，是城市建筑艺术中一篇飘逸恬静的散文，一幅古雅的图画。"安静的小巷，安静的位置，蕴藏着历史文化的崇高价值。

有人说："安静是年轻人最好的装饰。"寻找安静，让心静谧，因为安静永远是我们心灵之笔膜拜的图腾。

安静地听歌，安静地看小说，或者写字，安静地看电影，然后睡着，安静地看蓝天白云金色阳光。这就是安静的生活。

任何一个人都渴望生活在安静有礼的环境之中，不过不是等别人"自觉"，而是自身先修，当父母、老师的，也无须老是吼叫着孩子应该安静有礼，自己却完全不是个榜样，因此"安静"这种气质，正是我们自修的第一步，大家共勉之。

这里的安静指的不是不说话，也不是故作沉默，而是长时间积淀下来的内涵，林徽因就是具有这样一种安静魅力的人，安静到只要这样一个人存在，空气里都弥漫出一股特别的韵味，她与哗众取宠的人有着根本的区别，她的存在让人舒适，人们渴望与这样的人交往，听这样的人说话，而后一种人则是很难讨得人们喜欢的，这就是气质使然。

安静，一个人内涵的气质美，用语言无法表达，无法描述，只有在心中默默地领悟和感受那份美。

永不言败—胜利者的气质之美 _____

在林徽因不到三十的时候，世界上唯一的一部关于中国建筑史的书籍还是日本人写的，书本中会混杂着日军持军刀站在中国的古建筑前的插画，林徽因对于这一点非常在意，也很生气，所以她要完成一本《中国建筑史》。这就是林徽因，任何时候民族自豪感都没有丝毫减弱，只要是关乎国家的，一丝一毫她都放在心里，这就是他们那一代人最不同的地方，国家从来都不只是嘴上说说，他们用自己的行动诠释着"爱国"两个字，更用爱国体现出了自己不甘人后、永不言败的胜利者气质。而这种气质正是如今女人需要的。

一位年逾七十、步履蹒跚的老婆婆。人们经常看到她独自一人，绕着一座座祖屋底层的空地，艰难却顽强地慢慢走着，数年如一日。

她是一个患有严重的糖尿病，并且一只眼睛已经瞎了，双脚肿痛，还患有心脏病、高血压的老人。老婆婆是一个爽朗乐天的人，她大声说："医生几年前告诉我这条腿保不住了，两只眼睛都会瞎，活不了两年了。但是我不信，就每天都这样慢走两个小时，身体再怎么不舒服也要坚持下去。你看，四年过去了，我们同楼的几个比我硬朗的老人都已经不在了，但是我却依然活得好好的，人呀，不管是在什么情况下都不能服输。"

　　我们不得不惊叹：好一个不服输的老婆婆！她有坚强不屈、永不言败的精神，病魔、死神在她面前也却步了。她是一位强者，一位胜利者。生活失意者中，有几人能具有老婆婆这种永不言败的气质之美？

　　我们在挫折的打击面前通常都会不知所措，懦弱胆小，问题也从来都没有得到解决。上天从不给弱者网开一面，唯一的方法就是挺起自己的胸膛，树立信心，做一个强者，永不放弃！永不言败！

　　当岁月如流沙在我们指尖滑落时，别人都淘出了金子，而你却什么也没有，这不能不说是一种遗憾。所以，在青春季节我们应坚持追求自己的梦想，发挥你用之不竭的潜力，燃烧你无法阻挡的激情，尽情描绘你永不言败的青春。

　　作为2004年雅典奥运会全国120名圣火卫士之一，张健同学肩负的是使命和责任。面对全世界那一双双充满期待的眼睛，他会自信而又潇洒的完成这项任务。因为他每天都会给自己一个希望，他在希望中成长，在追求中收获属于自己的阳光。

　　活力四射、朝气蓬勃的张健把一个个超越极限的精彩瞬间留在运动场上，他近乎完美的跨栏动作和瞬间极强的爆发力经常让观众们赞叹不已。他辛勤的汗水和刻苦的锻炼换来了一项项的荣誉：110米栏，他获得了校运动会第一名，驻济高校运动会第三名，山东省第十一届大学生运动会第五名并打破校纪录，获得大会"精神文明运动员"的称号，2002年在大连举行的全国大学生田径锦标赛中又获得第七名。

　　说起体育运动，张健就兴奋又深有感触地说：体育运动给我们带来的不只是强健的体魄，更给予我们前进的不竭动力，运动场上的比赛能够让我们拥有超越梦想、挑战极限的勇气。事实上，人生就如同一场又一场的比赛、一次又一次的挑战，只要有信心和决不放弃的决心，有激情和坚持到底的信念，不管是什么样的梦想都能够实现，一切愿望都会在不断追求中实现。

什么都无法阻挡他执着的信念和奋起直追的勇气；什么都无法阻挡他永远燃烧的激情和锲而不舍的努力。他是出色的，也是独一无二的，他用梦想和努力书写着自己永不言败的青春，他用勤奋和刻苦诠释着运动的真谛和学习的乐趣。

不论在什么时候都不能放弃自己心中的梦想，因为未来的路还非常的长；永不放弃心中的梦想，因为彩虹总是在风雨之后才能在天空中神秘地徜徉；永不放弃心中的梦想，因为一切的星星不仅指示着黑暗也报告着曙光！

保持一个永不言弃的姿态

一个叫芥尔的泰国普通女孩，她是艾滋病晚期患者。"芥尔（Kaew）"在泰文中的意思是"玻璃杯"，经常会被用来当作女孩子的昵称。她就像杯子一样透明而脆弱。她知道自己是一个正在坠落、即将粉碎的玻璃杯，却宁愿在这下落的过程中，保持一个完整而坚强的姿态。

芥尔刚知道自己得了什么样的病的时候，整整两天两夜把自己关在屋子里，不吃饭，也不说话。在极度烦躁和痛苦之中，她把自己的感觉一股脑地写在了网站上。她说："这是一种很自然的状态，在这个现实世界里，人们总是在回避艾滋病病人，似乎只有网络空间能让你畅快地减轻那种莫名的巨大压力。"但是让她没想到的是，网络世界给了她最善意的回应和最坚强的支持。就在短短几天的时间之中，她收到了来自虚拟世界各个角落的留言，所有的人都在说着同样的话——"坚持下去""要有勇气"。

也就是因为这样的鼓励，关于艾滋病的一切，让她不再感到耻辱。她懂得，自己的尊严并不会因为这样一种疾病而消失，除非自己自愿放弃。在信念和网友的支撑下，芥尔渡过了一个又一个难关。她参加了男友的葬礼；获得博士文凭；元旦，她第一次和家人到曼谷世界贸易中心广场前与成千上万的人一起进行新年倒计时，迎接新年。

最让她吃惊的是，有一天，一个对于她网络事件毫不知情的朋友给她打来电话。在鼓励之余，还让她登录某个网址，告诉她"看了她的故事，你会为她感到悲伤和骄傲"，而在她把网页打开的时候，看到的竟然是自己留下的文字。她恍然领悟，虚拟的文字真的能给真实世界的人们那么多的帮助。

芥尔在日记中写道："见到那么多善良的人，真是开心。他们不仅买来各种物品捐赠给我们，还总是买来小点心，嘱咐我们说，把这个转交给芥尔啊。他们不知道，其实面前这个接小蛋糕的女孩就是芥尔。"

她的日记已经被整理出版了，并且获得了很多人的欢迎。对此，她在日记中写道："如果不是因为感染艾滋病病毒，我从未想过自己可以做那么多。"

芥尔，是一个非常勇敢的女孩，她是感染者的榜样。

她的一段话，给人们留下了非常深刻的印象，这是由于它看起来像是遗言也像是墓志铭——"我感到非常疲倦，让我好好休息一下吧。对于那些健康的人，我要对你们说，珍惜自己，艾滋病的确存在，它会让你们的生命破碎；对于那些已经感染了的人，我想说，我永远在这里支持你们。"

永远不要放弃，不是愚昧的坚持不是愚蠢的执着，那是对生命的万分感激与敬仰，那是对生命无比深情的歌唱。用我们的智慧，用我们的真诚，用我们永远年轻而执着的心，去实现心中那永不泯灭的梦想吧！因为不是一切眼泪都是忧伤，不是一切呼唤都没有回响，不是所有的梦想都不能如愿以偿！

墙壁上，一只虫子在艰难地向上爬行着，当它好不容易爬了大半距离的时候，忽然跌落下来，这是它又一次失败的记录。然而过了一会儿，它又从墙根一步一步地向上爬去……

挫折就如同是一块石头，对于弱者来说，它是绊脚石，能让你停止不前；不过对于强者来说，它就变成了垫脚石，让你站得更高更稳……试问，哪一个人能够不走弯路？哪个人没有遇到过困难，哪个人没有经历过"跌倒"？不论是什么情况，你都要面对困难，永不放弃，拿出全部的勇气和力量去拼搏。唯有拼搏，才会让你潇洒地甩掉困难，才会让你创造新的自我，才会让你的人生辉煌灿烂。

有这样一个男孩，在他5岁的时候就失去了父亲。他14岁时从格林伍德学校辍学开始了流浪生涯。他在农场干过杂活，干得很不开心。他当过电车售票员，也很不开心。

16岁的时候他谎报年龄参了军，军旅生活同样让他非常不开心。一年的服役期满后，他去了阿巴马州，在那里他开了个铁匠铺，但不久就倒闭了。随后他在南方铁路公司当机车司炉工。

他非常喜欢这份工作，他认为自己终于找到了属于自己的位置。

他在18岁的时候就结了婚，刚刚过了几个月时间，在得知太太怀孕的同一天，他又被解雇了。接下来，在他在外面忙着找工作的时候，太太卖掉了他们所有的财产，逃回了娘家。随后大萧条开始了。他没有因为失败而放弃。他曾通过函授学习法律，但后来因生计所迫，不得不放弃。他卖过保险，也卖过轮胎。他经营过一条渡船，还开过一家加油站。但这些都失败了。

有人对他说："认命吧，你永远也成功不了。"

后来，他成了考宾一家餐馆的主厨和洗瓶师。要不是那条新的公路刚好穿过那家餐馆，他会在那里取得一些成就。接着就到了他退休的年龄。他一定不会是第一个，也不会是最后一个到了晚年还无以为荣的人。

幸福鸟，或随便什么鸟，总是在难以捉摸的地方拍打着翅膀。时光飞逝，眼看一辈子就要这样过去了，而他却依然一无所有。要不是有一天邮递员给他送来了他的一份社会保险支票，他还没有意识到自己真的老了。那天，他彻底愤怒了，觉醒了，爆发了。

政府很同情他。政府说："轮到你击球时你都没打中，不用再打了，该是放弃并退休的时候了。"他们寄给他一张退休金支票，说他"老"了。

他说："呸！"他收下了那105美元的支票，并且用这些钱开创了新的事业。

而今，他的事业欣欣向荣。而他，也终于在88岁高龄时大获成功。

这个到该结束的时候才开始的人就是哈伦德·山德士，肯德基的创始人。他用他的第一笔社会保险金创办的崭新事业正是肯德基家乡鸡。

放弃是一个念头，而永不放弃则是一种坚定的信念。永不放弃，能使人目标坚定，信心倍增；永不放弃，也才能使人一步一步走向成功。

如果我们曾经上千次地告诉自己"永不放弃"，那么我们又有什么理由去抱怨第一千零一次的失败？我们又怎么可以在一千零 N 次的时候，与苦苦企盼的成功失之交臂？

1996 年，中国航天发射卫星连续数次失败，元气大伤。就在这样关键的时刻，张庆伟临危受命，担负起长征三号甲火箭发射东方红三号通信卫星责任人和发射队队长的重任，他带领全体研制人员，团结一心，负重拼搏。

最终于 1997 年 5 月 12 日成功地把我国新一代通信卫星送入了预定轨道。接着，他又担负了长征三号乙火箭发射亚太二号 R 卫星发射队队长。他与其他研制人员一起，克服长征三号乙火箭首飞失利带来的巨大压力，在现场指挥协调，与火箭在离发射点 600 米处近距离接触，不分白天黑夜地奋战了 32 天，终于高质量地完成了总装任务。

1999 年 5 月 12 日，张庆伟和全体参试人员终于没有辜负祖国人民的厚望，最终发射取得了圆满成功，为长征系列火箭在国际商业发射市场上打赢了翻身仗，为祖国增了光。

不论是怎样的梦想，不管那梦想在别人看来是否如同水中月镜中花，不管那梦想是否如幻境一般的渺茫！哪怕岁月蹉跎人生易老，哪怕沧海桑田地老天荒！无论那等待寻觅的时光多么漫长，无论那黑夜是否能被星星照亮！永不放弃的姿态，永远属于胜利者。

——林徽因的女人哲学

二十几年前，身背一把锯子，小伙子何帮喜进入了对他来说陌生的京城，追寻梦想的城市生活。16年后，作为世界上最大的保龄制造商，何帮喜用曾经紧握锯子的双手，带领他的希玛集团，书写了中国保龄设备企业的飞天神话。机遇一定不会忘记有准备的人。

第一个吃螃蟹的人是真正称得上勇敢的人，第一个造中国保龄设备的人是无所畏惧的。乡村木匠出身的何帮喜，在没有任何国外技术支持的情况下，开始荆棘丛生的创业之旅。终于功夫不负有心人，终于在1999年底，保龄电子回球系统研制成功。这种系统独创的电子自动解锁功能，回球率能够达到100%，回球的速度仅仅需要10秒，比传统回球系统有更大的安全性。这种新产品一经投放市场，深受国内外消费者青睐，销售额直线上升，给公司带来了丰盈的经济效益。在这之后，何帮喜紧紧把握国际保龄行业技术的最新进展，恪守"高起点、高标准、高质量"要求，注重企业技术创新。只用了短短的几年时间，希玛集团就获得了国家专利20多项，拥有多项自主知识产权，获得英国皇家质量体系和世界上最具权威的保龄设备认证机构美国保龄球协会的认证。

2002年，希玛品牌成为中国十大最具潜力商标。一流的技术，让希玛集团销售额迅速提升，从一个默默无闻的小企业一跃成为享誉世界的大集团。2001年，4000多万元；2002年，6000多万元；2003年，销售收入超亿元。这一串数字背后，凝聚的是何帮喜追求卓越的进取意识和敢为人先的创造精神。

一个人能成功，那么他一定是一个把社会责任看得比自己生命还重的企业家，一个锲而不舍永不言败的创业者。一个人一旦拥有不同寻常的气质，那么这个人就会终身受益。因为，气质是永不言败的。

正是由于年轻的我们心中都有着不灭的梦想，所以就算是风雨飘扬，即使受伤迷路，我们也不会像找不着家的迷途羔羊，才不会觉得人生如此漫长，才能够对得起那稍纵即逝的妙龄时光，才不会虚度人生年华，才不会叹息人生原来只是匆匆来去的梦一场。不管需要多长的时间等待，不管身后的高山是否已成了海洋。既然选择了坚持，既然不愿放弃，再苦再难也要坚强；只为了实现理想而坚持不懈，一直到成功为止！

永不言败是一种精神，是一种永不放弃的追求。永不言败是一种特性，是一种不畏艰难的心境。沧海横流，才能显示出英雄本色，在现代的社会激烈的竞争环境中，既有广阔的舞台可以展示自我，又有比拼的对手可以与之较量，成功与否是意志的竞争，是智慧的极致发挥，历史的舞台不会欢迎懦夫的加入。

让生命站成永不言弃的姿态，站出一种别样的气质！

优雅从容——非凡的气质之美

到底什么样的姿态才是真正拥有非凡的气质呢？关于这一点，我们不妨来看看张幼仪对于林徽因的评价，《小脚与西服》中有这样的描述：当张幼仪知道徐志摩所爱何人时，曾说"徐志摩的女朋友是另一位思想更复杂、长相更漂亮、双脚完全自由的女士"。

无疑，在和林徽因的比拼之中，张幼仪是惨败的那一个，但是对于林徽因的评论她也只能这样说，她没有办法不承认林徽因身上散发出的优雅魅力。

不论是在舞台上，还是在生活之中，我们除了要保持乐观的心态和生活的热情外，还应该显示出一种优雅的姿态，穿梭在这世界优雅姿态是必要的。也许经过辛苦的努力，我们仍然得不到想要的东西，这个时候最明智的做法就是用尽可能优雅的姿态，选择放弃或者退出吧，虽然这很难，因为没有一个人对曾经的付出能够轻易地割舍。有时候，痛，只为能够继续绽放美丽。

以一种优雅的姿态去生活

优雅，让我们的生活充满很多玫瑰色的理想。在物质生活日渐丰裕的今天，很大一部分人依然是日复一日、年复一年地游走在一堆物质之间，来来回回。或许无奈，或许失落。因为他们遗失了一种被称为优雅的生活状态。优雅在某种程度上代表了一种生活理想。那么，我们的生活到底离开优雅有多远？在现在人看来，优雅好像成了一种可望而不可即的海市蜃楼。生活的本质应该是有特色的，就像民族风味的东西，尽管有时粗糙或者简陋，但却是美丽、优雅的。务实不夸张是优雅，比如吃饭和喝酒，要的是一种自由、放松的情绪，目的肯定不是为了把人家灌倒。

我国古代的人们早就追求优雅的生活，这种生活讲求个人价值的自我实现。苏轼说"欲仕则仕，不以求之为嫌；欲隐则隐，不以隐之为高"。陶渊明就是古代达到"自我实现"境界的一个诗人，他的一切选择都取决于自己的个性，决不违逆个性适应外在的东西。清代扬州八怪之首郑板桥也说过："儿孙胜过我，留下钱财有何用；儿孙不如我，留下钱财又有何用？"他们都以超然物外的精神状态，优雅地生活着。

优雅生活首先就要能够从容地面对你生活中的每一个问题，并从中汲取养分。认真面对生活中的任何一件事，从容地面对你的周围人。因为发生的事就是存在的，生命的意义在于艺术地对待存在。

在欧洲，有许多人的生活方式是非常轻松、自由的，就算是腰缠万贯的百万富翁，他们多数也只是穿着休闲的毛衣和牛仔裤，假日去登山旅游。在普通人的眼睛里，他们并没有什么与众不同，这只是一种优雅。优雅生活是一种美好和高尚，是和精神优雅紧紧相连的，现在有人虽物质富足但精神空虚，苦闷难耐，哪有优雅可谈？人要活出尊严来，就一定要为自己创造更多财富，不过首先要在优雅境界的精神指导下去创造积累财富，否则便会失掉了一些为人最好的品质，这样你有多少财富人们也会对你嗤之以鼻。

已是世界首富的比尔·盖茨，还有着在候机的时候帮别人看行李而收下一个乡村老太一美元小费的经历。为富而不骄横，身贵而能俯下，这比起那些口袋里有些银两，就张狂得如同豚突蟹行的人来说，可谓是黄钟与瓦釜之别，这是由于二者的生活态度迥异，前者优雅，后者俗气。优雅地生活，可以说，物质的富足是必要的，但精神的富足更为重要。

喜欢以优雅姿态生活的人，这里的优雅不是高雅。高雅并不是每一个人都能够做到的，它的前提是高，这就是说你需要有着高于普通人的位置。而优雅不同，城市里的白领坐在星巴克里，仔细研究咖啡要几块糖是优雅，稻田里的农夫累的时候靠着大树休息，也是优雅。无论是白皙的面庞还是黝黑的脸颊，即使从内心深处透露出不一样的气质，也同样的可以做到优雅。优雅，可以是与生俱来的。

以优雅的姿态面对压力

在压力下，你依然可以优雅。

压力分很多种，有工作的压力，有生活的压力。生活中有时会与家人发生矛盾，在工作之中，有时会与上司、同事之间因为各种事情而产生分歧。工作中的压力，有来自外界的，有自己给予的，不过不论压力是来自哪里，我们都要以优雅的姿态面对，因为压力过后，就是雨过天晴。

一个人如果可以在压力下，培养出优雅和气度，即使是在挫折中也是美丽的，不要过度看重表面上的输赢，有人表面上是输了，其实是赢了。在人生中要有运动员的精神，输了，爬起来，微笑，继续努力。

以优雅的姿态离职

离职，是与旧工作的告别，也是新生活的起点。不要认为离职就意味着和过去的公司、工作、同事一刀两断，没必要再讲究礼仪。事实上，离职的姿态够不够优雅，反映着一个人的职业素质和诚信度，对职业形象的塑造和人际关系的巩固大有影响。人过留名，雁过留声。离职完全可以表现得职业一点，表现得优雅一点。假如一个人在离职的时候显得"劣迹斑斑"，背后会遭人唾弃，会毁了在行业内、圈子内的名声。其实这世界很小，好事坏事都容易在朋友圈里传播，离职表现不好会很大程度上影响个人职业发展。

如何让离职变得更加优雅些？

（1）离职前要保密。一旦你做出了辞职的决定，在递交辞呈之前尽量不要向你的同事们宣告此事。如果这时候公司选择了给你加薪，那么你将会非常尴尬。

（2）为对话做好准备。你的老板可能会问你一些关于辞职原因的问题，还可能会极力地挽留你，甚至提出更高的待遇，你要为此做好准备。需要知道如果在加薪的诱惑下留下，会给你今后的职业生涯埋下一颗不小的定时炸弹！

（3）离职前一定要提前找上司或老板谈，如需要还要写封辞职信，千万不要搞突然"消失"，否则会让老板非常被动，从而对你产生不好的印象。找上司或老板谈话的时候，要态度诚恳地说出自己辞职的原因，并且争取他的理解。不过尽量不要发牢骚，更不要直接随意评点单位之中的是非过错。要感谢他对自己的培养和关照，要让他知道你在这家单位学到了很多本领，成熟了很多。承诺离开后，会保守公司的商业秘密。

（4）工作交接。要承诺自己会做好一切工作交接，并给出一定的时间让上司重新调整安排工作。在和主管谈妥自己具体离职意向，并且征得同意以后，就要开始着手交接工作。在公司还没有找到合适的接替者之前，应该继续坚守自己的职责做好本职工作，站好最后一班岗。接替的人来了后，可将自己的工作内容、交接事项列出清单，和接任者充分沟通，确定对方完全了解自己的工作。然后，通知客户及其他合作伙伴，并带接任者一一拜访。一方面感谢他们在自己工作这些日子对自己的照顾，一方面让接任者和客户熟悉，让公司不会因为你的离职而造成困扰。如果原公司在短时间内没有找到接手的人，不妨多给公司一点交接的时间，这点小人情不但可以顺利维持和旧公司的人际关系，对将来的工作多少都会有一些助益。

（5）正式离开。办好了人事手续，就到了正式离开的时候了。首先，离开公司前要把自己周遭的环境整理好，并且带走属于自己的私人物品。所有公司的资料文件要整理归类，并和相关人士确认资料完整没有遗漏。另外，一些公司证件、职务章等物品也必须完成归还的手续。

（6）离开后。离开后不要对客户说原单位的是是非非，尤其不要评点原单位领导的功过，同时也不要试图说服客户断绝与原单位的正常业务关系，那样做是极不明智的。

以优雅的姿态面对分手

事实上分手从来都不能被看作是一件天崩地裂的事情，遇到了不懂得珍惜你的人，他的放开应该是值得庆幸的一件事情，你应该在对方说分手的那一刻，礼貌地笑笑然后优雅地转身。分手，相信我们任何一个人在漫长的一生之中都会碰到这种情况，不管是人负我还是我负人。分手是不开心的，就算是心胸再开阔的人。分手又是无奈的，爱已逝去，再维持下去也只能是痛苦。如果可以冷静、客观地分析问题，其实说不上什么负心、骗人，因为很多时候，最开始是真的爱了，如今不再爱了也是真的，爱情真的不是一件一成不变的事情。所以，宽容、大度，这不只是对他人，也对自己有好处。收拾心情，重新上路是明智之举。有些人一生，可能就因为阴差阳错（其实是性格悲剧所致），固定了必须经历不止一次婚恋，这其实根本就没什么，优雅地分手，让生活更美好，也依然不失人的可爱。

当结束一段恋情的时候，通常情况下都不得不面对家人、朋友、同事和各种无关紧要的人物好奇惋惜的眼光，他们怜悯的叹息里仿佛不断地提醒你："被男朋友甩了的女孩子真可怜啊。"而生活突然出现的大段空白，周末没有地方消遣的忧郁来袭，也让人不堪忍受。

要做到优雅地分手，也的确是非常不容易的。尤其是其中一方的爱意尚存，而另一方情义已绝的时候。也许出于种种原因或心理，一方还企图苟延残喘无爱的婚姻或爱情，于是有了恋人间离离合合的分手大战、夫妻间马拉松式的离婚大战。通过报纸杂志、网络文字小说等的记载，我们能够肯定的是，最后，交战双方的心灵（有的甚至是肉体）没有一个不遍体鳞伤。

有时候分手并不是悄悄地进行的，有时候一切隐瞒都没有办法起到什么作用。好吧，假如瞎子都已经看出你被人甩了，一味地假装只会让自己变成一个笑话。虽然已经当众摔倒，但是你还是可以选择一个优雅的落地姿势。你应该掌握主动，在人们询问你之前就先公布消息，这是强者的态度。

恋人之间的伤害，还好一点，毕竟双方都还算是年轻的，经得起折腾。假如夫妻还没有孩子，也简单。不过一旦有了孩子，就算是你们之间发生了火山爆发、泥石流、地震类灭顶的自然灾害，也请不要人为地去点燃家的战火。让心静下来，让人静下来，优雅地分手，彼此祝福。

充满魅力的优雅姿态的训练法

（1）用餐时的优雅姿态

餐桌上举止得体，姿态优雅，从来都被看作是衡量一个人文明修养水平的标志之一。不过餐桌上讲礼仪绝不单单只是为了表现一个人有修养，而是为了让和你一同用餐的人有个好胃口。

①很多人在吃饭的时候低着头，随着食物转动头部。这种做法会显得非常没有品位，因为不应该人跟着食物走，应该是食物送到嘴里来。在电影《公主日记》里面，有个镜头是女主人公的公主课程，在训练用餐礼仪的时候，她被用丝巾绑在椅子上吃饭，非常吃力才能够用叉子叉住食物并且送进嘴里。这样的训练是为了改正弯腰吃饭的毛病，当然，除了姿势，还要记住吃饭时要尽可能地不发出声响。

②吃肉类时（如牛扒）应从一个地方开始切，吃完一块再切下一块。遇到不吃的部分或配菜，只要把它移到碟子旁边就可以了。

③吃鱼、肉等带刺或骨的菜肴时，不要直接吐在外面，可用餐巾捂嘴轻轻吐在叉上放入盘内。如盘内剩余少量菜肴时，不要用叉子刮盘底，更不要用手指相助食用，应以小块面包或叉子相助食用。

④遇到豆类或饭一类的配菜，可以左手握叉平放于碟上，叉尖向上，再以刀子将豆类或饭轻拨到叉子上便可。

⑤如果需要调味料但是又不在自己伸手取到的范围内的时候，可以要求对方递给你，千万不要站起来俯前去取。

⑥喝汤的时候应该横着拿勺子，由外向内轻舀，不要把勺很重地一掬到底，勺的外侧接触到汤。喝时用嘴唇轻触勺子内侧，不要端起汤盆来喝。汤将喝完时，左手可靠胸前轻轻将汤盆内侧抬起，汤汁集中于盆底一侧，右手用勺舀汤。

⑦口中有食物时不要说话，也不要含着食物喝水，这是由于在餐桌礼仪之中水把食物冲下去是不礼貌的行为。

⑧嘴角或手指上沾上污渍，可用餐巾轻印几下，但不要大力擦拭。如中途要离席，可将餐巾对折两下，整齐地放在椅上，谨记弄污了的一方应折向内，别让人看到你"战绩斑斑"的餐巾。

（2）优雅的肢体语言

肢体语言又叫作身体语言，是指经由身体的各种动作，从而代替语言借以达到表情达意的沟通目的。广义言之，肢体语言也包括前述之面部表情在内；狭义言之，肢体语言只包括身体与四肢所表达的意义。

女性的每一个动作都要自然优雅，突然地奔跑或其他突发的动作都会让人感到轻浮。抚摸头发的时候，从座位上站起来的时候，扭头向后看的时候，都要注意节奏，这样才能看上去更优雅。开关门的时候也要有暂时的停留时间。

（3）优雅的走姿

美国女性中一度流行像玛丽莲·梦露一样摇摆臀部的"梦露走法"。这种走法别说性感，还很容易给人一种轻浮的感觉，因为这样走的时候重心是在下腹上。走路的时候最好能够尽可能地减少臀部的摆动，可以腹部用力，但要注意，腿部、肩膀、头部中的任何一部分不要先移动，一定要等上身在一条直线上之后一起移动，就像后面有风在吹着你走。最重要的是不要弯着膝盖走路，两个膝盖在走路时要轻轻地互相擦过，呈11字形。

如果是走直线的话身体就会晃动，如果你走得比平时的步伐大一些，就会显得非常有自信。脚后跟要先着地，然后才是前脚掌落地，此时手臂也要自然摆动，向前呈30度，向后呈10度是最自然的。

优雅走姿的关键点

①不摇晃肩膀和上半身。

②夹着一条线的感觉来走，内八字和外八字走都不雅观。

③伸直背脊，保持正确的姿势，步幅符合腿的长度。

④跨步均匀，两脚之间相距为一只脚到一只半脚。

⑤两手前后自然协调摆动，手臂与身体的夹角一般在10°～15°。美观且可以给人留下活泼的印象。

（4）优雅的坐姿

坐是举止的主要内容之一。生活中不管是学习、生活、工作、参加会议、会客、交谈、娱乐休息，全部都没有办法离开坐姿。坐作为一种举止，同样有美与丑、优雅与粗俗之分。正确的坐姿可以让人们感觉到庄重、安详、优雅。正确优美的坐姿，会给人以文雅稳重、自然大方的美感。相反，不良的坐姿不只是容易使多余脂肪在人体中间部位堆积，造成所谓的"游泳圈"，也会非常影响一个人的气质。从坐姿，我们能够判断出一个人的内在修养究竟如何。可见，从小培养优雅的坐姿是以后参与社会交往的必修课。

坐在椅子上的时候非常容易忽略姿势。坐在椅子上，首先臀部要尽可能地完全坐在椅子里，伸直腰板。背和椅子的靠背相隔一个拳头的距离时最合适，膝盖弯曲的角度要大于 90°。在公共汽车上或其他公共场所，最好不要跷腿。因为那样不只是显得腿短，并且还会给人一种非常无礼的印象。在随意的场合，跷起腿来，脚面放平，也会显得很优雅。不过如果你穿着短裙，跷腿的同时不停地拉裙子，这样子可不太好看。

优美坐姿的要领

①面带笑容，双目平视，嘴唇微闭，微收下颌。

②立腰、挺胸、上身自然挺直。

③双肩平正放松，双臂自然弯曲放在膝上，亦可放在椅子或沙发的扶手上，掌心朝下。

④双膝自然并拢，双腿正放或侧放，双脚并拢或交叠。

⑤谈话时，可能有所侧重，此时上身与腿同时转向一侧。

优雅需要注意的姿势

①歪头。这样会给人留下挑剔或消极的印象，所以一定要抬头正视前方。

②过分地向后仰。过分自信的人或傲慢的人通常都会采取这样的姿势。要给人自信的感觉，但不要让别人有抗拒感，试着拿出谦逊的姿态。

③双手横胸的姿势。这也会给人一种非常傲慢的感觉，似乎在告诉对方你不是个轻易对别人坦诚相待的人，所以不要采取这种姿势。

④下巴高昂的姿态。这样会显得你很没品位。要让下巴保持端正的水平，下巴太低垂则会显得没有自信，所以也要注意。

⑤拖着脚走路的姿势。脚步不利落，拖着脚走路不但看起来非

常懒散，还会影响形象，让人觉得你似乎正陷于麻烦中，且不讨喜，会给别人一种你受到了什么打击的感觉。记住：脚步确确实实地提起放下。

⑥无力的姿势。就是肩膀无力地低垂，或者整个身体显得很无力的样子。通常事情不顺利或意志消沉时人们会这么走路，越是这样的情况，越应该意气风发地走路。

⑦经常晃肩膀。适当地晃动肩膀会让人们感觉你的性格活泼，不过如果过分地晃动就会给人轻浮感，从而失去女性的魅力。所以要注意，只能轻轻地晃动。

奋斗不止——干劲的气质之美

萧乾先生在绝笔《才女林徽因》中记道："听说徽因得了很严重的肺病，还经常得卧床休息。可她哪像个病人，穿了一身骑马装……她说起话来，别人几乎插不上嘴。徽因的健谈绝不是结了婚的妇人的那种闲言碎语，而常是有学识，有见地，犀利敏捷的批评……她从不拐弯抹角，模棱两可。这种纯学术的批评，也从来没有人记仇。我常常折服于徽因过人的艺术悟性。"这就是林徽因，即使被病痛折磨着，也从没有放弃，一身戎装体现出她奋斗不止、满身干劲的生活态度。这样美丽的女人怎能让人不喜欢？

有这样一个故事：在一个老教授家的门前，有一棵老槐树，树上不知道在什么时候有了一窝蚂蚁。老教授想尽一切办法堵截它们，泥巴、木楔甚至连樟脑和胶水都用上了，不过蚂蚁却依然可以找到出路，躲过劫难。教授完全想不明白这到底是为什么，后来才发现蚂蚁们的出口竟然是在树顶。后来，蚂蚁们又在树的薄弱处，开辟了一个新洞口。教授发现，蚂蚁的奋斗舞台虽然非常的狭小，不过它们总是可以迅速认清环境，很快学会适应。

由此教授明白了一个道理：自然界中那些最善于拼搏的猛兽，之所以在目前陷入生存困境，就是因为它们不能够像蚂蚁那样"懂事"，明白"奋斗"二字的另一层含义——适应。

其实，想一想：我们很多人在制定目标的时候，一致认为向上追求，时刻保持源源不断的动力，积极的进取是一种正确的心态，不过在现实生活之中这样的激情是挫折最喜欢捉弄的。一旦遇到了障碍，通常都会让人们手足无措，甚至自此消沉，严重的会在心里产生一种抵触的情绪。

教授童心的发现，由此引发了一个关于奋斗的姿态问题，足以提醒我们，"奋斗"其实有两层含义：一是不懈地努力，二是尽快适应。并且只有在努力适应的基础上积极进取，才能实现自己的人生理想。

奋斗的生活姿态

任何一个人都需要有一个奋斗的目标，不论那个目标是什么，只要有这样一个目标在，我们就会坚持，就会奋斗。也许所谓奋斗的目标，就是人生的支点吧，因为年轻，因为有梦想，所以豪情万丈，所以轰轰烈烈，所以有些偏执，所以不会别人说什么自己就信什么，所以总是不会躲闪非要碰得遍体鳞伤。你也许永远不知道明天会和你开什么样的玩笑，它不断地让你怀疑一切、怀疑自己，让你曾经奉若至宝的东西在一瞬间变得一文不值，让你不知道什么是生活的意义。

幸福并不是永远都在富丽堂皇的写字楼里，绝尘而去的宝马车中，或者人才横溢的大都市中。别人看似辉煌的日子背后，一定也有着他们自己的艰辛生活，没有任何一个故事是可以只有成功而没有奋斗的，没有轻而易举的完满幸福。还是那句话，没有痛苦，人只剩下卑微的幸福。所以，完全不需要因为见不得别人在人前的光彩就对自己的痛苦呼天抢地，怨天尤人。我们是为自己而活的，绝对不是为了别人的目光而活。

怎样才可以保持奋斗的姿态？时间滋生惰性，当新鲜感失去时，奋斗的力量就会慢慢消失。肢体的运动尚能坚持，思维的活动最容易消退。心如平原驰马，易放难收，趁着缰绳依然在手，勒马回头，为时不晚。奋斗的过程是非常艰难的，也许短时间之内，你无法获得成功，但十年，二十年，永远保持一颗奋斗的心，总有"守得云开见天日"的时候。临渊羡鱼，不如退而结网。靠奋斗来最终实现自己的理想，永不退缩，永不言败。

既然已经到了这个世界上，没人想要做一个普通人枉走人间一趟。每一个人都有权去做一个与众不同的人，都有权去选择一种自己喜欢的生活模式。谁也不愿意在别人的呵斥下工作，更不愿意从别人手里领取赖以生活的工资而过活。为了眼前的保障，每个人都要经历一次施舍般的耻辱。人不能在这个世界上白走一遭，为了追求和目标，都要用奋斗的生活姿态去面对生活中遇到的大大小小的考验。我们应该学会做自己的主人，做自己喜欢做的事情，要学会创造，敢于冒险。勇于面对失败，正确对待自己的成功。做人要宁愿奋斗，也一定不要没有生机的沉寂。

生活的奋斗，生存的奋斗，对每一个人都是一种挑战，而这种挑战充满了激情，充满了对生活的向往。

追求幸福是所有人的本能，追求个人幸福和他人幸福是两件并不矛盾的事情。幸福不是自私，幸福只有与无私联系在一起时，才会凸显它的深度，幸福是奉献。

有人曾经满怀沧桑的这样说：人生若只如初见，多么理想的状态，尽力展现最美好的一面，不会觉得疲惫，不会放松对自己的要求。

每一天的太阳都是新的，早晨出门，迎着洒落的金光，对着崭新的世界，深吸一口气：这一天一定不能虚度。

虚度了光阴，就如同是虚度了人生一般。没有奋斗的人生，生活是就会显得平淡无奇；没有奋斗的人生，生活是灰暗的；没有奋斗的人生，生活是枯燥的。奋斗，是一个人的生活姿态。

生活需要奋斗。奋斗是生活的真正内涵；奋斗能够让失败走向胜利；奋斗能够为生活增添光彩；奋斗可以为生活谱写壮丽诗篇。有了奋斗，生活才有意义；有了奋斗，生活才会丰富多彩。为了你和他人生活的美满和幸福，生活需要奋斗。

只有努力奋斗才是打开走向成功之门的金钥匙。成功者永不放弃，放弃者永不成功。在困难面前，只要咬牙坚持下去，就没有战胜不了的困难。奋斗不只是挂在嘴上随口说说，更加重要的是学会脚踏实地地前进，奋斗并不是明天的事情，而应从现在开始抓紧每一分每一秒去攻破扑面而来的困难。请坚信，坚持不懈，成功就在眼前。

——林徽因的女人哲学

只有奋斗才能点燃生活。人生之路，是自己用双脚对全部生命历程的艰难丈量。每个人留在身后的深深浅浅的脚印里，都蕴藏着自己多多少少的故事，蕴涵着许许多多的欢乐与艰辛。在每一个奋斗后获得成功的笑容背后，都有着一段美丽的故事和经历。

只有奋斗的人生才称得上精彩。在这个繁华的世界，有璀璨的星空，起伏的山脉，七色的彩虹，奔腾的河流，还有多彩的人生！

曾几何时，人们对风雨中的小草充满了敬佩之情。即使它非常的弱小，它仍然在暴风雨来临的时候，勇敢地面对，从不退缩，拼搏中透露出一种不屈的精神。人们应该学习小草的精神，不论什么时候都有着迎接暴风雨的洗礼的准备，为了人生的希望奋斗。

请一定要明白，假如乌云遮住了你的眼睛，那么你一定要顽强的奋斗，拨开眼前的乌云，相信，最终露出笑脸，照亮世界的总是你！

奋斗，更需要一种干劲

巴尔扎克说："挫折就像一块石头，它能让你却步不前，你软它就硬，对于强者却是垫脚石，使你站得更高。"牛顿也说过："如果你问一个善于溜冰的人是如何成功的，他会告诉你，跌倒了，爬起来！前进！"

这种积极的人生态度让更多的人有了生活的方向，生活的目标。在茫茫人海、大千世界里，变幻无常，人生之中所有事情都做到万事称心如意是不可能的。困难总是暂时的，要坚持不懈地努力，做生活的强者。战胜自己，锻炼得更加成熟和坚强！

在生活中，以奋斗的姿态展现我们对生活的热爱和对美好未来的渴求，这就需要一种干劲。

有这样一幅漫画，题目是"这下面没有水，再换个地方挖"！画面上有一个嘴叼香烟，左手拿铁锹，右臂搭着毛巾，裤腿挽得老高的人，这个人正在迈开步子向前走去。在他的身后有着四五个深深浅浅的水井，不过这些水井离地下水面总有那么一段或长或短的距离。而最靠近他身后的那个，只挖了几锹，他就认为这下面没有水了，要换个地方挖。他迈开步子正向未开发地带继续"挺进"呢！

看过这幅漫画的人，都会想到人生中面对的或多或少的挫折，也想到了一个问题，那就是一个人的干劲、恒心和奋斗的关系。

要完成任何事情，第一步要做的就是有干劲，缺乏干劲什么事也做不成。有人说，他干劲十足，可是该如何正确运用这股干劲呢？在生活中，总不能一会儿干这，一会儿干那吧，那结果仍然是零，最后还是被封上"一事无成"的名号。

从这里可以看出，做任何事情都不能只是有干劲，还需要有恒心，确定目标，持之以恒，才能够获得最高的效率。这就好比做人工呼吸，只要存在万分之一的希望，也要不断进行下去，直到病人恢复呼吸。如果你按了两下，无反应，就放手不干了，这样，一个本来可以挽救的生命就会断送在你手里。

所以，想要获得较高的效率，就一定要把干劲和恒心相结合。光有干劲是不行的。而那个挖井人，正是犯了这样的错误。他挖了一连串的"旱井"，而且还准备继续挖下去，干劲应该说是不小的，然而他缺乏的正是恒心，要是他能坚持下去，别说一口井，就是两口也早就挖好了，效率该是很高的。

一个人只有奋斗的精神是远远不够的，重要的是还要有那股子干劲。不管是在工作、生活还是学习上，有人总结出这样一个等式：干劲 + 恒心 + 效率 = 奋斗。可是，又有人问了一个问题：想在自己的人生中，好好奋斗一把，可是怎样鼓起这种干劲？其实这对每一个人来说并不难。

给自己创造一个非干不可、无路可退的局面，比如下面这个生活中常见的例子。

一个人从白天到晚上都是无精打采的，就算是去上课都会感觉很麻烦，出去打工，又打不起精神来。结果就这样吊儿郎当地过日子。不知道从什么时候开始，他突然顿悟"这样下去可不行"！然而，这样就能立刻转变成积极的人了吗？这是相当困难的。一旦成为精神萎靡的人，干什么都觉得没劲。进到学校，一听老师讲课就想睡觉，找到新的打工点，也懒得去做，于是又重新回归了自己懒散的生活。

懒散的原因，是因为生活的环境过于平静，不到屁股着火的境地，是不会产生神奇的力量。

假如一个人这样度过一生，就是浪费了上帝对他生命的恩赐。一旦被这种"无精打采"缠住，就像被蚂蟥叮住一样，甩也甩不掉。那生活真的没有任何生命的起色。最好的办法就是把自己逼上不这样做不行、没有这股干劲就无法生存的境地。

世界上有一马平川的坦途，不过没有一帆风顺的人生。在困境中奋起的人，定会明白同甘共苦、同舟共济的含义，更会理解关心他人，珍惜那份经过磨炼的真情。

困难能够磨炼人的意志，逆境能锻炼人的能力！人生的路本来就是坎坷不平的！虽然在人生路上，遇到了不少困难，但在失败中总结了许多经验，在痛苦中学会了理解！在挫折中变得成熟，在风雨中变得坚强，更感觉到了外面世界的精彩！

人，一定不能生活在自怨自艾之中，不要痛恨命运的不公，在我们奋斗的征途中，是困难让我们的意志更坚强，是逆境锻炼了我们的能力！让我们有了更高的奋斗目标，有了更大的前进动力，让我们活得更有价值！可以说，很多时候，真正促使我们成功的，不是顺境和优裕，而是困难和挫折。让我们勇敢地去面对困难和挫折，成为勇者、胜利者！

在这个竞争日益激烈、适者生存的社会里，任何一个人都是捕猎者，同时又是其他人的"猎物"。只有真正的强者才有出路，才能在高手云集的环境中脱颖而出，占有一席之地。

尽管总是有那么一些人常常牢骚满腹，怨天尤人，对命运总是不满，一味地埋怨与诅咒，但是上苍对所有的生命都是公平的，与其抱怨，不如虚心地学习。

人的一生是奋斗的一生，如果失去了奋斗，生命就失去了意义，人生也缺少了激情。

谈吐得体——气质的知性之美

冰心与林徽因不和，冰心甚至写了一篇文章来讽刺林徽因，但是提起林徽因，她还是不得不说："她很美丽，很有才气。"林徽因与陆小曼相比，更以为林徽因俏、陆小曼不俏。与林徽因一起长大的堂姐堂妹，几乎都能细致入微地描绘她当年的衣着打扮、举止言谈是如何地令她们倾倒。

人与人相识，第一印象通常就在认识的前几秒钟实现，而要改变它，却需付出很长时间的努力。良好的第一印象往往来源于人的仪表谈吐。优雅的谈吐、姿势，可以给人留下美好的印象，体现出一个人的知性美。

有人说，外表漂亮的女人不一定能够做到优雅，不过自信的女人却肯定会显示出一种别样的魅力。魅力来自于美好的仪态，一个优雅的女人，通过她的举手投足、一颦一笑、姿势体态、语言谈吐，就能看到优雅的影子，她总是在不经意间就会把女性的魅力展现于人们的眼中。

所以说，如果希望成为一个有着优雅气质的女人，只是拥有美丽的外表是根本不够的，你还需要拥有良好的仪态，仪态是身材、容貌、谈吐、气质、内涵的综合体现，包含了娇媚、温柔、情趣，自信、学养等复杂内容，这些都是从后天培养而来的。你可以不断通过各种仪态方面的训练和内在的修养，使自己慢慢地成为一个优雅的女人。

还有人说，擅长高谈阔论的男人不一定是优秀的，不过谈吐不凡的男人却一定有着自己的风度。若要了解一个男人，只需听一听他的谈吐，便可"窥斑见豹"，透过现象看到本质。

喜欢高谈阔论的男人，上知天文下知地理，一副"万事通"的架势。这样的男人，很可能就是知识贫乏的一类人，免不了时常闹出"歪批三国""乱点鸳鸯谱"之类的笑话。

说话诙谐而幽默，博古通今，旁征博引，出口成章，妙趣横生。这样的男人，一定是知识丰富、内涵丰富的男人。

男人和女人不一样的谈吐举止，展现着他们不同的气质。

知性女人的魅力

美，像空气一样，填满世间的每一个缝隙。日出东方是美，潮涨潮汐是美，爱是美，风吹云动是美，花开四季是美，怜是美，笑是美，忧是美，但是人们是喜欢外在的美，还是喜欢由内而外散发出的美呢？你心目中的美是怎样定义的呢？

开得越早的花，也会越早凋谢。因为这是浮华于表的美，一眼便可探知。可这也是更多人心甘情愿追逐的美。没什么可掩饰的，这是人之常情，正所谓爱美之心人皆有之。有时这也是最容易蒙蔽人们双眼的美。越晚盛开的美，越是持久靡香。因为这是由心带出的美，是知性美。知性美，顾名思义，这种美是建立在文化素养基础之上的。

有人说，女人可以不漂亮，但不可不"知性"。"知性"是理性与感性的结合，是自信与美丽的结合。如何自然地流露清澈与深沉的内在气质。用"知性"来要求女性，可以说并不是一件容易的事情，它不只是体现了深厚的文化底蕴，又引导着一种唯美的追求。美，是由内而外的，知性女人的定位，展现了都市女性应有的形象：有品位，有知识，有着属于女性的情怀和美丽。

穆桂英挂帅，花木兰替父出征，她们都在战场上显示出了女性不同凡响的一面，即使满脸尘垢，依然散发出无尽的美。昭君出塞，独自面对着完全陌生的环境，在异乡尽显女儿刚毅坚强的本色，即使满面忧愁，依然散发出不休的美。霸王含泪别虞姬，冲冠一怒为红颜，在英雄背后流传千古的女儿们，也都展示出了属于女子的无限娇柔，令人忍不住怜香惜玉。这些美好的存在无形之中填补了都市中繁忙的空虚，给人一种欲罢不能的感觉。其实这正是一种很知性的美，这种知性美在她们身上体现得淋漓尽致，滴水不漏。

所以，知性美的女人懂得"万绿丛中一点红，动人春色不须多"的规则，具有以少胜多的智慧；凭借一颦一笑，抬手落脚，一言一语之间，尽现至善至美，这种韵味被称为女人味。现代知性女子的三维成因是指智力之维，情感之维，灵性之维。只有这三维达到平衡，才能够成为真正意义上的知性女子。

知性女性是如今女性的象征趋势，有很多女人都在为"知性"而奋斗。她们大多数都受过良好的教育，有着不错的交际能力。她们通常热爱家庭，也热爱事业，既上得了厅堂，又下得了厨房；她们培育了乖巧聪明的儿女，却依旧不捎带一丝柴米油盐之气；才气过人，却不争焦点，不露锋芒；工作中，雷厉风行，当断则断；生活中，平和宽容，温柔贤惠。为人女，是父母的骄傲；为人妻，聪明懂事；为人母，是孩子的榜样；为人友，总能带给他人信心和鼓励。也许这些女性没有闭月羞花的容貌、魔鬼般的身材，不过她们关注这个世界，打扮得体，气质优雅；内心浪漫，强调个性，洒脱自然；独立进取，意志坚强，穷达不变；内敛而不失风趣，感性却不张狂，典雅却不孤独。这种魅力不是一个故作姿态或者刻意模仿形成，也不是经过堆砌造就的。这种女性靠的是先天的兰心蕙质，就算是外貌朴实无华的女子，也同样能够散发出兰花般的迷人香气。

知性女人可以在现实和理想之间寻找到幸福的平衡点，知性女人不会相信人生有捷径，而相信知识能改变自己的命运、武装自己，才华固然与天生的聪慧相关，更要一生孜孜不倦地奋进汲取。所以有人说工作中的女人最美，这是出于这样一种特殊状态，才使女人展现出自己的素养与底蕴，使她们知性的一面散发得淋漓尽致。那专注的表情，那庄重的眼神，没有一点不透露出无尽的魅力，吸引更懂得欣赏的人驻足。第一种美，会用它的艳丽吸引周边的一切；第二种美，会用其独特的味道留住周边的一切。第一种美天矫，第二种美坚韧，然而它们却都会因为过于出类拔萃，给人们留下距离感，不敢轻易涉足接近，或怕破坏了其中的完美，或怕不被其中的完美接受。就如同外表美不是所有人都会天生具有的一样，知性美也同样不是任何一个人都能够修炼得出。就算是一个满腹经纶的人，如果生长的环境堪虞，所受的教育不佳，也无法散发出自身所具备的知识所蕴含的美。

知性女人，就如同这样一条广告语：有内涵，有主张。她有灵性，而且"智勇双全"。她可以无视岁月对容貌的侵蚀，但绝不束手就擒。她与魔鬼身材、轻盈体态相差甚远，但她懂得用智慧的头脑把自己打扮得精致而品位高尚。做这样的女人其实并不难，如果你大力充电，增加学识，修炼魅力，你就可成为一个知性女人。

知性的女人都有着远大的抱负，所以心境开阔，对烦恼和挫折，总能勇敢地面对，而不是逃避。她们同林语堂的《京华烟云》中的姚木兰一样知道成功就在困难"挺过来"、坎坷"迈过去"之后。她们充满生存的智慧和生活的情趣，懂得怎样缩短梦想与现实的距离，乐观豁达，积极向上，而不是一味感叹命运的不公平、环境的不舒适、机遇的不平等和他人的不援助，不会盲目地寻找生活的捷径。

所以知性女人可以没有羞花闭月、沉鱼落雁的容貌，但她定有优雅的举止和精致的生活；知性女人也许没有魔鬼身材、轻盈体态，但她重视健康、珍爱生命；知性女人兴趣广泛，精力充沛，保留着好奇的童心，在瞬息万变的现代社会中，她总是出现在变化的前沿；知性女人有理性，也有更多的浪漫气质，春天里的一缕清风，书本上的几个精美词句，都会给她带来满怀的温柔；知性女人经历了一些人生的风雨，因而也懂得包容与期待……知性女人内在的气质是灵性与弹性的统一。

知性是一种积累，是靠女性的智慧、包容、勤奋与判断力一点点造就出来的。知性是内在的文化涵养自然发出的外在气质，知性是种优雅的低调风，告别了奢华，朴素的外表没有办法掩盖住内里的缤纷多彩，是一种睿智、自信、富有内涵、张弛有度的人性之美。

知性的女人一般都有着大家风范。她们的优雅举止能够给人一种赏心悦目的视感，待人接物落落大方，她们时尚、得体，尊重别人，爱惜自己。其女性魅力和处事能力一样会让人们刮目相看。

知性女性一定是那些追求自我幸福生活的美丽女人，她们独立、自信、品位高，对自己未来的生活充满了希望，懂得如何让自己变得更优秀、更有魅力，懂得怎样才能够处理好家庭婚姻关系，更了解怎样享受生活。知性女性是每个女性所崇尚的，因为她们知道自己想要的是什么样的生活。

知性的女人，谈吐不俗，说话稳重，堪称女中"豪杰"。下面是做为知性的女人应该注意的说话技巧。

（1）礼貌问答，善用敬语。

（2）说话抑扬顿挫。说话的语调变化是知性女人表达思想最为常见的方式。

（3）说话有理有节，有时甚至不依不饶。因为语出惊人，实则另一番风景，值得欣赏。

谈吐知男人

一个男人想要征服女人，那么他的最大魅力除了英俊的外表以外，最重要的就是能够用自己优雅的言行举止来展现男人的非凡气质。

一个男人张口闭口就是骂人的话，甚至骂出"水平"，骂出"境界"。这样的男人一定是谈吐粗俗鲁莽。

一个在人前总是喜欢装酷耍帅的男人，其实内心很空虚，装出很酷的样子来掩饰自己内心的无知和胆怯。这样的人通常情况下都是很个性的，就是为了突出自我。

喜欢吹嘘自己路子广的人，动不动就会提到某某人是他的什么朋友，某某人是他的什么亲戚，这样的男人，说大话、吹牛皮，什么事情也干不了，一定会是一事无成的。

心胸狭窄的男人，胸怀不够开阔，遇到事情的时候会难以释怀，通常都不原谅别人，不能容人，不懂得宽恕别人，小肚鸡肠。这种特质很容易成为以后事业发展中的"瓶颈"，对人际交往以及事业都很不利。

飞扬跋扈的男人，自我感觉通常都比较好，除了自己，眼睛里没有别人。居高临下，盛气凌人，就如同自己做的全部都是对的，别人全是错的，跟别人意见不一致的时候，自己是绝对的权威，不容别人有所挑战，否则会动用人类最野蛮的行为武力解决问题。这种人的结局往往不好，因为山外有山，人外有人。

谈吐幽默、举止洒脱的男人，是众多女人的追求目标。与这样的男人在一起，生活风趣多彩，常常充满笑声。这样的男人是最有魅力的男人。

——林徽因的女人哲学

一个有能力赚钱的男人，谈吐也是一个很重要的象征。当代社会，如果你遇见一个有钱的男人，他通常都不会马上就对自己的有钱身世向你表白的，而是如同一个非常普通平常的人一样与你交流。如果遇上一个天天说你送钻戒的男人，那么这样一个人八成就是感情的骗子，根本就不是真正有钱的款爷。因为真正有钱的男人，他是不会告诉你这么多的，越是有钱的男人，他就越害怕自己的爱情在金钱面前不保险，害怕对方是因为自己的钱财而跟自己在一起的。

什么叫谈吐不凡？不是说你喝多了非得吐燕窝鱼翅，而是指说话的时候要有深度，显品位。如果你是一张嘴就说脏话的人，一看就没素质，因此，男人征服女人的第一印象，就是谈吐。说话要有涵养、有品位，姿势要潇洒、有风度。

谈吐姿势小贴士

微笑——谈吐的亮点

良好的第一印象主要来自于一个人的仪表和谈吐，不过更重要的是取决于他的表情，最突出的就是微笑。微笑是一种令人愉悦的表情。微笑则是表情中最能赋予人好感，增加友善和沟通，愉悦心情的表现方式，也是人与人之间最好的一种沟通方式。一个常对人微笑的人，必能体现出他的修养、热情和他的魅力，最终得到人们的信任和尊重。

学会微笑比起高雅的谈吐、高贵的穿着更重要。笑容能照亮所有看到它的人，像穿过乌云的太阳，带给人们温暖。

站姿——谈吐的支柱

正确的站姿是抬头、目视前方、挺胸直腰、肩平、双臂自然下垂、收腹、双腿并拢直立、脚尖分开呈 V 字形，身体重心放到两脚中间；也可两脚分开，比肩略窄，双手交叉，放在体前或体后。站立时，男性应两脚分开，比肩略窄，双手合起放在背后；女性应双脚并拢，脚尖分开呈 V 字形，双手合起放于腹前。

坐姿——谈吐的形态

男士：入座时要轻，最少需要坐满椅子的 2/3，后背轻靠椅背，双膝自然并拢（男士可略分开）。身体可以稍微向前倾，这样可以体现出尊重和谦虚。

男士在坐下的时候，身体的重心一定要垂直向下，腰部挺直，两腿略分开，与肩膀同宽，看起来不至于太过拘束。两脚应该尽可能平放在地，大腿与小腿成直角，双手以半握拳的方式放在腿上，或是椅子的扶手上。

女士：入座之前应该用手背扶裙，坐下后将裙角收拢，两腿并拢，双脚同时向左或向右放，两手叠放于腿上。如果是长时间端坐可以把两腿交叉叠放，但要注意上面的腿向回收，脚尖向下。

女士坐下时膝盖一定不要分开，小腿也要合拢，小腿可以放置在椅子正中间，也可以并拢平行斜放一侧，但是上半身一定要面对正前方，两手可交叉轻握放在腿上。如果双腿斜放左侧，手就放在右侧，相反地，如果双腿斜放在右侧，那手就放在左侧。

谈吐魅力四步曲

第一步：谈话时要热情，自然，诚恳，大方。

第二步：语言要准确，精炼通俗易懂。

第三步：交谈要讲究艺术，恰当有礼。

第四步：说话要注意禁忌等民俗习惯。

所以说话应注意：

（1）要避免谈对方生理上的缺陷，疾病等不愉快的事。

（2）避免对方心灵深处的创伤。

（3）不询问私人生活方面的问题。

（4）忌用不雅语言。

（5）不可忽视对方的习俗。

无为不争——淡泊的气质之美

对于淡泊，林徽因有着这样的理解："人说，背上行囊，就是过客；放下包袱，就找到了故乡。其实每个人都明白，人生没有绝对的安稳，既然我们都是过客，就该携一颗从容淡泊的心，走过山重水复的流年，笑看风尘起落的人间。"无为和自然可以互相定义。可见无为和自然是相通的，但作为人的气质，无为更体现为一种淡泊。

什么是淡泊？

古人云"淡泊以明志"，意思是说远离名利，恬淡寡欲，保持一种宁静自然的心态，不追求虚妄之事，修养品行。这是一种美好的境界。

淡泊，也作澹泊，据《辞海》（缩印本）注释为"恬淡寡欲"。时人刻尽"潇洒"，以致"玩的就是心跳"，淡泊得了吗？从沸沸扬扬地"追星"，到欲说还休的"傍款"；从趋之若鹜般跳槽"微商"，到有惊无险的炒股……那张袂成荫的浮幌，那挥汗成雨的挤兑，是那样世俗的嘈杂，看起来如此的累，想淡泊宁静吗？似乎真的不太容易。

而只有淡泊才是检验生命跃动必要的素质和修养，淡泊是一个人奔波劳碌中难得的思索和调整。我们应找准一个感觉：派遣的需要沉淀，紊乱的需要镇定，繁杂的需要择理，疲乏的需要松弛。你可以读书，可以思考关于一切的问题，可以总结什么该坚持、什么该抛弃；什么时候该糊涂、什么时候该奋斗——适时接受一种清凉而亮丽的心境的洗礼。

人生就如同花草树木，枯荣无常，生命就像是流星一般的短暂，岁月如刀剑般无情。风霜雨雪天经地义，喜怒哀乐人之常情。自己的路一定要由自己去闯，自己的日子自己过，自己的生命还要自己来珍重。每一个生命都不一样，都是一个奇迹。每一天也都不同，都是一个开始。生命不能选择，但是度过这一生的方式是能够选择的。选择淡泊就是选择严肃和庄重。

淡泊还是一种修养，更是一种气度。有了淡泊能不阿不妒，能不倨不傲，能不争不贪。有了淡泊就不卑不亢、不拘小节。平平淡淡胸中自有内敛的韵味，含蓄中自有干天云气。淡泊有自己的方式，只要你洒脱、自然、从容，就是淡泊。它没有什么必需的模式，没有特定。不一定要梅妻鹤子，也不一定要烟雨桃源。也未必不可放歌长啸、壮怀激烈。

淡泊是一份明悟的感觉，是一份豁达的心态。行至水穷处，坐看云起时，是一种淡泊。古今多少事，都付笑谈中，更是一份淡泊。

淡泊是自然从容，它不是伪装的虚情假意，不是刻意的矫揉造作。没有万卷诗书的熏陶，没有万里风尘路后的感悟，模仿的前卫在这个词语面前显得如此苍白无力，夸张的时髦是那么的庸俗不堪，飞扬的个性是如此的不值得一提。也许只有历尽沧桑的成熟才能做到真正的坦然淡泊。

所以说，淡泊不是碌碌无为，要学会拿得起，放得下，有所为有所不为，威武不能屈，贫贱不能移，凄风苦雨后才有彩虹的美丽，饥寒交迫后才有心情的清朗。万念俱灰那不叫淡泊，淡泊是一种清灯古卷里与红袖添香同在的洒脱。淡泊，并不是放任自己不思进取，不是无所作为，不是没有追求，而是以纯美的灵魂对待生活与人生。淡泊明志，古人早已对淡泊有过精辟的见解。

淡泊人生，并非消极逃避，也非看破红尘，甘于沉沦。淡泊是一种境界，真正的淡泊，没有极大的勇气、决心和毅力是做不到的。齐白石晚年谋求画风变革，闭门十载，破壁腾飞，终成国画巨擘。钱钟书学富五车，闭门谢客，静心于书斋，潜心钻研，著书立说，留下旷世名篇。淡泊，不是逃避现实，而是在工作之余，多一份清醒，多一份思考。人生在世，往往不会一帆风顺，有进有退，有荣有辱，有升有降，有高潮，也有低潮。如果我们可以早一点儿了解到平淡是真的道理，那么就能够在任何时候都保持心理的平衡，做出明智的选择。

春天在我们眼里，沙滩在我们脚下，蓝天在我们头上，森林在我们手中，让我们的心离尘嚣远一点，离自然近一点，淡泊就在其中。

人生难得是淡泊

当今社会，市场经济繁荣，思想文化多元。人们崇尚时尚，寻找刺激，追求享乐。面对繁华浮躁，能够做一个真实的自我，无须虚伪，无须奉承，无须圆滑，认认真真做事，踏踏实实做人，实在难能可贵。不过这样的人就会被这个时代认为是不通世故和不合事宜的。

有时候淡泊是冷漠，是"古来万事风过耳"、是"事不关己高高挂起"；有的时候淡泊是深深的无奈，是可望不可即之后的麻木不仁；有时淡泊是推托和借口，是对不思进取的一种自我解嘲；有时淡泊是一种自欺欺人，是对内心烦乱和焦灼不安的一种欲盖弥彰；还有的时候，淡泊是老年人安度晚年时的与世无争，淡泊是母亲怀抱婴儿时的那种心驰神往……总之，说到底淡泊也不过就是一种心态而已。

淡泊，教会我们如何走近自然，去寻回生命的本色。淡泊希求简单。贪欲只会让人变得更加复杂。简单的人面对复杂的事情的时候也会感觉到很简单。复杂的人对简单的事也会感到很复杂。贪欲的宣言是"得到"；淡泊的自白是"放弃"。权力，名望，金钱……这些欲望是没有填满的那一天的，不过在生活之中你不可能什么都得到。放弃角逐，放弃贪婪，放弃投机。放弃后还会再放弃，但人生里你绝不会什么都放弃。所以说，如果把贪欲比作是试图抓住别人的手，那么淡泊就是守住自己的心。

有贪欲的人，受制于喧嚣，喜欢抛头露面，哗众取宠。淡泊的人，则得益于宁静，喜欢把自己全身心地埋在一件事情之中，安静做事。所以，一个贪欲的人，往往活得很粗糙；一个淡泊的人，常常活得很充实；一个淡泊的人总是生活得很沉稳，而一个贪欲的人从来生活得很浮躁。

粗糙会让人们感到很劳累，充实会让人感到很滋润，沉稳的人一般都会显现出自信，浮躁会让人感到很神经。淡泊的人从来都不会对别人苛求太多，贪欲的人总是梦见人生的奢侈。淡泊的人为的是体验人生，贪欲的人为的是占有世界。体验人生，尝的是酸甜苦辣，不过既然是体验，那么就算是在生活中焦头烂额，也仍然能寻到自得其乐的一份快意。占有世界，多的是周旋较量、指手画脚、沽名钓誉。可世界这么大，又怎么可能是一个人能够占有得了的？于是，便像《渔夫与金鱼》里那个贪得无厌的渔婆，永远也没有称心如意的时候。什么样的理解就会有什么样的追求，什么样的选择就会有什么的生活。所以，淡泊从不嫉恨热闹，也从来不会为纷扰所困。淡泊的人之所以可以在嘈杂、喧哗中而不被淹没，就是由于他们在生活之中能够找到平衡点。

时间是一直都在前进的，不管你是否愿意，我们都没有办法改变。然而这个世界有太多的诱惑，所以有太多的欲望满足不了的痛苦。一个人要以清醒的心智和从容的步履走过岁月，他的精神中一定不能够缺少淡泊。不然的话，他不是活得太忧郁，就是活得太无聊。看淡，不是不求进取，不是无所作为，不是没有追求，而是以一个纯美的灵魂对待生活和人生。"不以物喜，不以己悲。"让我们的心离尘嚣远一点，离自然近一点，淡泊就在其中。这或许是人生的另一个境界，能做到的人又能有几个呢？也许真的如人所说"道理人人会说，但又有几人能做到"。

身外物何其多，颇有诱惑力。我若得之，淡然处置，不忘乎所以；我若失之，不大悲大痛，身心不伤。如此这般，才会不被身外物所苦，不被身外物所累。

人生本来就是很短暂的，短暂得如同流星划过天空一样。赤条条来，又将赤条条去，这么短暂的人生，何必为世间物所累？

世事烦琐须淡泊，平平淡淡才是真。

淡泊并不是要把所有的欲念都斩断，淡泊是面对人生路上闪出的花花绿绿的事物，眯起眼睛也许能够看得更加清楚。淡泊更加不是不受限制想做什么就做什么。淡泊是清醒的减压，适度的松弛，韧性的进取。淡泊最知道：能耐千年平淡而一朝开花的铁树是美中奇美。

人生苦短，岁月易逝。一个人能够承受太多的欲望，金钱、权力、美色，什么都想得到，不过如果什么都不肯释怀的话，那么生命承受如此之多，人生又怎么可能快乐呢？所以，在人生的旅途，追求一种淡泊，坦然面对生活对你的赐予，包括所有的磨难和不公。用平和淡定的心态去看待社会现实中的一切。不惊荣辱，对于得失不做过多的计较，也许我们就会活得轻松，活得精彩，活得有滋有味。"万绿丛中一点红，动人春色不需多"。生活中，懂得了一个"淡"字，人生的无限风光就尽在其中了！

要相信：在这个世界上，很多时候你只需平心静气地等待，是你的终究是你的，该去的终究要去。不作非分之想，这正是淡泊的胜利。而于幸福的宁静之上，再去奋斗，每一份收获便都是意外的喜悦！境由心造。淡泊的根基是心境，淡泊的极致是境界。"宠辱不惊，看庭前花开花落；去留无意，望天上云卷云舒。"这是一种境界。以淡泊的心境去看待这个世界，自然会发现太多的喜悦。拥有淡泊心境的人，不会对这个世界有太多的苛求，淡泊的人总觉得生活太慷慨。由"心为形役"到"境由心造"，这是一个飞跃；从淡泊的心境到淡泊的境界，这是一种上升。但要超脱到淡泊的境界，从来都难。境界需要大智慧。大悲无泪，大悟无言。淡泊明志，宁静致远。

淡泊人生，生命难得恬淡，难得从容。得之淡然，失之坦然。

一个人一生之中的兴衰荣辱，得失进退，没有一个人可以掌控，唯保持一份淡泊的心胸可以在人生的大起大落中免受伤害。

做人不可缺少的是几分淡泊，淡泊是一种豁达的心态，是一种明悟的感觉。淡泊为人，才可以找到真正的自我，才把自己的本色演绎得精彩。

麻木冷漠不是淡泊，清高孤傲不是淡泊，随遇而安不是淡泊，玩世不恭更不是淡泊。所以，在现实中人们不需要刻意地追求淡泊，把握好自己的心态，想清楚即便是最美的花朵开过之后也不一定结果。也许，心灵就可以获得一份宁静。

淡泊不一定就要创造一些什么，成就什么。淡泊可以是一种"众鸟高飞尽，孤云独去闲"的美丽与娴静。"众人皆舞我独坐"，别有意境；"众人皆商我独耕"，心中踏实。做一回"独钓寒江雪"的蓑笠翁也未尝不可。

现代人生活节奏越来越快，所以不可避免地面临着太多的压力，太多的诱惑，太多的欲望，也有太多的痛苦。一个人要以清醒的心智和从容的步履走过岁月，他的精神中不能缺少淡泊。

电视里曾经播出过一个公益广告，上面广告词是这样的：活在美丽的小事里。细细品味，"活在美丽的小事里"，就是用心灵与现实对视，就是要善于从每一件小事中发现美丽。

淡泊，也许此时已浑然天成了。

不屈不挠—自强的气质之美 ✿

　　沈从文眼里的林徽因是"绝顶聪明的小姐"，晚一代的萧离则称林徽因是"聪慧绝伦的艺术家"。费慰梅认为，林徽因"能够以其精致的洞察力为任何一门艺术留下自己的印痕"。由这些可以看出来，林徽因是一个自强的女人，她有着自己的思想和独立的事业心。

　　爱他，就和他一起前行。人们所理解的人生的途中，就应该有两个身影，尤其是女人。女人应该和男人一起迎接人生中的风雨坎坷，和男人一起品尝胜利之果，和他一起欣赏途中的美丽景致。

　　我如果爱你，绝不学攀援的凌霄花，借你的高枝来炫耀自己；我如果爱你，绝不学痴情的鸟儿，在绿荫里重复单调的歌曲；也不止像泉源，常年送来清凉的慰藉；也不止像险峰，增加你的高度，衬托你的威仪。甚至日光，甚至春雨。不！这些还不够！我必须是近旁的一株木棉，作为树的形象和你站在一起。根，紧握在地下，叶，相触在云里。每一阵风过，我们都相互致意。但没有人听懂我们的言语。你有你的铜枝铁干，像刀、像剑，也像戟。我有我红硕的花朵，像沉重的叹息，又像英勇的火炬。我们分担寒潮、风雷、霹雳；我们共享雾霭、流岚、虹霓。仿佛永远分离，却又终身相依……

　　这是舒婷的一首诗。女人就应该是一株木棉树，而不必把自己比作是一根柔软的藤，一旦失去了依靠，只能仰视过一生。女人更不能依靠美丽来赢得一切，这世上唯持自强之利刃，才可以打拼出自己的幸福，包括爱情。

胭结婚了，两年以后有了一个可爱的孩子，她的心思都扑在了孩子和工作上面，忙完工作就忙孩子，整天忙忙碌碌。丈夫远在另一个城市读博士，她真希望丈夫能尽快回到她身边。

慢慢地，每当胭安静下来的时候，她就会感到不安和烦躁。日子像从复印机里复印了一样，每一天都是一个样子，没有任何的变化，而自己好像一个机器人，机械地重复着那些单调乏味的工作。她觉得生命好像一束纸绢花，没有了鲜活的气息。尽管孩子给她带来了前所未有的快乐，她还是认为自己的精神家园渐渐荒芜。她在重复这些程序时，丈夫在攻读科研课题，而她却一直都是原地踏步，丈夫正大步地前进着。想到这里，她感觉自己好像已经看到了年过五十岁的自己，不行！大学校园树立的理想抱负不能被这平淡的生活消磨得越来越远。必须改变自己！

单位担心她学成高飞，就设置了大大小小的压力来阻止她报考研究生。她毅然辞职，带着孩子找到了丈夫。丈夫很支持她的想法，默默地照顾起孩子。她把自己所有的时间都利用了起来进行复习，完全将自己置身于高考时的状态。每天天不亮，孩子和丈夫还在睡梦中的时候，她就已经拿起了书本；每天深夜，丈夫催她几次，她都不肯离开书桌……

终于她如愿以偿了。后来她回忆这段生活的时候说：有很多时候，我在想我们的爱情为什么没有波折？是我们彼此共同的追求，共同的进步让我们始终能并肩站在一起。尽管路途坎坷，我们一路扶持，心贴得更近了。我们都为对方留下了自由飞翔的空间。我们也用自己的实际行动给女儿做出了榜样；人生就是不断地靠自己的努力去追求梦想的过程！爱一个人，就要和他一起前进！

女人有时候能够凭借出众的样貌找到一份好职业和一个富有的老公。不过女人的美貌是脆弱的。在你发觉美貌正慢慢逝去的时候，取而代之的是满脸的皱纹和松弛的眼袋。失去了炫耀的资本，今后，自己赖以生存的优势又在哪里呢？

不否定美貌在女性人生当中起到了一定作用。因为美貌谱就了多少千古绝唱，出现了多少"不爱江山爱美人"的风流帝王……但是，因为美丽，女人们也付出了代价：因为轻而易举地获得，使她们难以承受拼搏的艰苦；因为太多的眷顾使她们缺少创造的智慧；因为太多的舒适让她们忽略了知识的力量。于是，她们就在温室的环境中积攒着娇气，葬送了毅力和智慧。

女人最大的失误就是没有意识到美貌是一种非常容易丧失的东西——当数年之后，皱纹悄悄地爬上了眼角，身上也就再也没有什么能够吸引丈夫的东西，只有养就出来的娇惰和一片空白的大脑再加上臃肿的身体。女人另外一个错误就是把男人当作生活的重心，心理上对男人过分地依赖。把自己太多的欢乐、悲伤过多地寄托在另一个人身上，最后的结果就是两个人都逐渐变得身心疲惫。

自强的女人在丈夫的眼睛里面很可能是最美丽的女人。不过这种魅力到底是源于什么地方呢？这来源于她从知识探求中获取的智慧。自强的女人像一块磁铁，甚至像一个磁场，她能吸引，甚至影响她周围的人，男人为她心动、女人为她折服。自强的女人更像一本内容丰富的书，让人一读再读，爱不释手。

我们不能否认，美貌可以给女人带来好运。不过，女人到底怎样做才能把握住自己的美貌与魅力。美是天生的资源，不过不是"可持续发展"的资源。而女人取之不尽、用之不竭的魅力到底有没有？又在什么地方呢？它们蕴藏在女人内心深处。那些令人起敬的高贵品质会让所有的男人们、女人们崇敬。

在长期由男性主导的职场环境中，女性越来越凸显出了自己在某些工作上的优越性。从上帝造就女人的时候，就注定她们与男人不同，这些不同不只是表现在生理上，而且表现在心理、情感、性格以及其他方面。因为这些不同，在人类社会几千年的历史演变中，我们也看到了女人命运与男人截然不同的历史性时刻。从农耕年代进化到今天，一般的女人，还是逃不出从产房，到书房，到新房，最后锁定在厨房的命运。但是，历史已经翻开了新的一页，新社会的人们已经迈入到知识经济的时代，这个时代，女人是弱者的时代永远结束了，同时也给女人的成功提供了更多的机会。自然，要做成功的女人，就不能把自己关在厨房之中，走出情场，走到商场，走到战场，走进职场，不断锻炼自己的意志，增长个人的才干，才有可能走向成功。

在当今这个开放的时代，女人不应该只是属于家庭的，女人爱情的价值也不能只定义为男人的附庸、家庭的保姆。女人要有自己的个性、自己的事业，作为一个独立的个体和你的爱人站在一起，女人要明白，婚姻只是人生的重要内容之一，但是它不会成为人生的全部。婚姻是生命中一道绝美的风景线，是一次重大的抉择。同时人生的完整还有赖于其他重要元素，朋友、事业、心灵的空间。一同前行，才有共同的语言，良好的沟通。只有这样才能让爱情、事业保持一份独特的长久的魅力。

女人小贴士：

勤奋

只有勤奋是创造奇迹、到达成功、实现目标的重要因素，即使你是一个很聪明的人，也不要放弃勤奋。

坚韧

坚韧是每一个成功者的必备素质。因为在人生前进的路上，总会经历风雨和坎坷，你要有足够的承受能力。

创新能力

创新的能力。也就是跳出框框的能力。老习惯最容易破坏你进取的思想，它在事业上的作用往往是负数。

积极的心态

大多数人做事都喜欢被动，或者只把当前的事做好，或者只把本分的事做好，这样很不利于进取。

沟通能力

当今是开放的社会，沟通能力是非常重要的。有时你的一个好创意可能会因为你沟通不畅而失去价值。

美丽的女人就像是一杯开水，放置的时间越久越淡，而自强的女人则是美酒，她们在漫长的人生旅途中，积累、沉淀，再积累、再沉淀，不停地自我发展、自我完善，时间越久，越纯美甘甜。

第三章

四月笑容
温暖人间

> 我微笑。在任何我难过或者快乐的时候，我只剩下微笑。

> ——林徽因

"一身诗意千寻瀑，万古人间四月天。"这是金岳霖写给林徽因的挽联，一句话画魂画骨。一个气质如兰的女子，一个温暖如四月的女子，也只有这样的女人才会获得金岳霖一生不渝的爱。

温暖是女人的武器

　　一个让人感觉温暖的女人，可以让人无怨无悔地等待一生，一个温暖的女人就像是四月明媚的阳光，让人整个身心感到温暖。是的，这个被温暖的人就是金岳霖，愿意用一生去等待的人也是金岳霖，这个拥有着温暖气质的女人就是林徽因，那么女人到底如何才能够拥有温暖的气质呢？怎样的女人才能将温暖带给身边的人呢？

　　温暖是一种气质，有的女人天生就有，但更多的是岁月的磨砺，这种神秘的"暖气流"是女人获得爱情的催化剂。而女人本该是制造温暖的精灵，在她们身上弥漫的那些情愫，一丝丝，一缕缕，都可以拿出来让所有的人开心。

　　悲悯：在爱情中有悲悯气质的女子，对人性的弱点有着理解的同情与同情的理解，这样的女人无论在什么时间什么地点，都有一股温暖和拯救心灵的力量。

　　亲和：女孩子的出身、外貌、学历，或者矜持、尊贵、冷傲……这些在"美丽学堂"里修来的功夫，已经不是女人提升自我身价的筹码，女人是娶来过日子的，男人最终选择的还是有女人味的女人，那就是女人的亲和力。骨子里没有温顺品质的女人，那是表象的亲和，不但不能将温暖传递给他人，还会让人觉得虚伪。

　　细致：没有人相信粗心的女人能把一家人的生活打理得有条有

理。越精致的女人，日子过得越娴雅，但这并不等于女人只知自己敷面膜、泡香熏 SPA，出门衣着漂亮、得体，化着精致的妆容，返过身对男人却总是抱着"工作够不够好、负担够不够少、钱夹够不够饱"的心思。一个真正细致的女人，是把家人的生活品质放在第一位，她们不仅是解决家庭矛盾的高手，而且谋事周全、眼光长远，在家庭财政计划上，也懂得理性消费，把钱用在刀刃上。让男人有"相知相助"温暖感觉的伴侣才属于细致女人，这样的女人能让每一个男人心动。

包容：在压力越来越大的当今社会，每个男人都像一匹长途奔腾的马，只有长路，没有休息的终点。当他下班窝在沙发里不再动弹；当星期天的早上他死活不肯起来吃早餐；当他周末晚上跟同事泡吧；当他酒后轻狂、意乱情迷，或者在压力超负荷的当口犯了不可原谅的过错……女人是否有包容的美德，将直接决定夫妻生活的结局。包容不是让女人一味忍让，这跟女人的修养相关。女人的包容是一种温暖的亲和力，会让女人更加自信，让男人懂得责任和珍惜，让两个人的生活更加和谐美好。

善良：每个人心中都有一处最温柔善良的地方，但是，当物质的满足对人们的价值取向的掌握力越来越大时，女人的善良品质却越来越少，因此，女人的善良在男人眼里显得越加宝贵。当感情遭遇重大的伤害时，向善的女人不是不会自卫和反抗，而是不愿意让更多的人受伤、流无谓的血。善良的女人不一定有很深的涵养，但一定是有心怀天下的胸襟，她们会牺牲自己的利益，让他人过得幸福，但不会委曲求全，让生活更加不堪。女人的善良，来自内心的纯洁，和对美好的执着。

乐观：开心和不开心的记忆，就像是一个硬币的两面，存在于我们的每一段情感里。就像那个有名的"蝴蝶效应"，如果你常常将不开心的事、不开心人记在心里，生活就跟着变得不开心起来。相反地，有些女人却只将开心的事记在心底，她能在跟老公吵架的时候还记起他向她求婚时的表情，记起他将她抱在怀里的疼爱和温暖。这里的"吵"不是真吵，而是一种积极而乐观的沟通方式。这样的女人即便是面临命运的不测风云，也不会灰心丧气，而当它是摧动前进的动力。面带微笑、坦然自处，男人有乐观女人的相伴，一生都将平坦安顺。

坚守：懂得坚守的女人，才能有一份长久的幸福，而不懂坚守的女人，数年的感情敌不过一夜的诱惑，"一起打拼"在"不劳而获"面前溃败。情感热线也传来男人的声音，爱情不再是美好的信念，就像换件衣服一样轻易遭到嫌弃。而女人还要求男人是潜力股、绩优股或者成长股，这样的女人可悲之处就在于她不知自省她自己是否会沦为无人问津的垃圾股。懂得坚守爱情的女子必定有一颗爱的心，有藤蔓一样柔韧的内心，这样的女人才会令男人热爱一生、痴心不改，这样的女人才能将幸福带给自己和爱人。

不能狭隘地理解女人的温暖气质，它绝对不是一杯热茶、一朵玫瑰那样简单，它不仅仅是男女之间的小情小爱，它更是一种状态、一种格调、一种人性的智慧。

女人应该珍惜自己身上具有的亲和力，这种亲和力是：尊重内心、不俗不媚、宽容随和、通情达理。女人只要将自己的修养提升上去，生活的水平一定可以提高。

漂亮是女人的职责

有一件事情是众所周知的，那就是林徽因是一个非常美丽的女人，这里的美不单指她的外貌，还指她的衣着和气质，她的气质和穿衣品位都是当时少有的精致，她对于自己"美"有很高的要求，也许这种要求源于对于美学的体会，其中包括了内在美与外在美，那么我们若想达到这一点，应该做些什么呢？

想必大多数的人都会被从小灌输了一种思想，那就是外表并不是最重要的，最重要的是心灵的美。平常所看到的书中绝不可能缺少的主题是外表美不重要，只有心灵美的人才是真正美的人。也常常听到有人说到"外表，其实不重要，重要的是内在"。不要说自己不会以貌取人，每个人都可能以貌取人，因为这是人的本性，人人都喜欢美丽的东西。

一个人的容貌与他人的视觉距离和角度最为直接，是人际交往中最让人留心的部位，也是女人特定的标识部位。女人对容貌的认识不应仅仅是漂亮和美丽，眼睛、肌肤、表情，还有女性心灵、内涵、情感、情绪、个性、才智等方面的全面展现。所以，女人应该高度重视容貌对他人的视觉影响，因为美丽的外貌会给人留下好印象。

容貌的定义有广义和狭义之分，广义的容貌实际相当于外貌、外表或身体外表，并包括了头面部和形体或体形，它是一个很大的概念。特别是女人，一定要注重外貌，因为在给他人的第一印象中，人的外貌占很大比重。所以互相见过一面，下次是否还能记得这个人完全靠外貌的，假如你美丽动人，或长得很有特色，那么，你一定能比长相普通的人留给别人的印象更加深刻。无需怀疑爱美之心，人皆有之，这句话说明了每个人都有爱美的本性。看到美丽的东西，大家都会喜欢，都会多加照顾，美是具有亲和力的。所以从某种程度上来讲，一个人的外表和容貌对一个人来说是非常关键的。而且这种美丽的容貌并非是每个人都拥有的，女人一定要最大限度地让自己的美展示出来。

女人应该尽全力让自己容貌给人的感觉美一点，好一点。人与人交往，第一印象非常重要，它能直接影响两人是否可以成为朋友，心理学上称为"首因效应"，也就是说在人际交往中，人与人第一次见面形成的第一印象，对日后的交往起着非常关键的作用，如果第一印象好了，以后的交往会更加顺利。这种"首因效应"在整个交往中的作用力达 75% 以上。女人初次交往给人的视觉印象好不好，直接关系到别人对她的评价，这是因为人们在潜意识中，通常容易受到自小时就开始形成的观念的影响，那些童话故事中美女和天使都是美丽的，是美丽的也就是善良的，巫婆和丑女等于丑恶和邪恶的观念影响着人们对女人善恶和好坏的评价，这是原初的审美记忆产生的"触媒效应"，因此，若是第一次给人留下丑的印象，就很难让人改变了。

姣好的容貌是一张通行证

外貌的好坏对找工作有很大的影响，两个女大学生毕业于同一大学，她们的成绩都很优秀，她们一同去一家公司应聘，最终较漂亮的女大学生被公司聘请。面试官给出的理由很简单，就是因为那位女大学生长得好看，让人看着很舒服，可见，外貌对找工作有多大的影响。

确实，在现实生活中，美丽的事物较容易被一般人所优先接受，这是不争的事实，如果一个人长得让人看了不舒服，你看都不想看，怎么会与他（她）接触？更是谈不上知晓他（她）的心灵美或不美了，这是与公平无关的问题，而是现实如此，人人受长相影响。

这个例子充分说明了，容貌美是被很多人特别关注和看重的。人的天性就有一种追求美和享受美的本性，美丽的容颜、苗条的身材、出色的装扮，再加上适当的笑容，通过人的视觉直接满足人的审美需要，使人不自觉地心生好感。中国古代早有沉鱼落雁之容、闭月羞花之貌的绝笔描写，相信在现实中遇见这样的人物，我们都会为她们开方便之门。

一个姣好的容貌不仅可以让人变得更加自信，通过对自我的高要求获得成功，更可以影响他人对你的评价，甚至可以改变你的命运，让你获得更多的晋升机会。同样一个人，同样的能力，形象的差异可以使你在别人眼中成为一个社会精英、一个成功者，也可以使你成为普普通通的小职员，甚至一个失败者。

常常听到有人说"看一个人不要只看他的外表，更重要的是要看内心的东西"。这种说法是众所周知的道理，判断一个人要从观察他的心灵为依据，而不能仅仅凭借外表给出判断。但是，人们真的是这样判断一个人吗？答案是否定的。其实，这就像很多道理一样，人们都明白，但是当我们真的接触一个陌生人的时候，总是会下意识地根据对方的外表来做出评价，而且绝大多数情况下，这是人们唯一能做的选择。要明白这个道理可以从电视剧《粉红女郎》中找到最好的诠释。

电视剧《粉红女郎》主要介绍了四位女孩——小萍（结婚狂）、万玲（万人迷）、何茹男（男人婆），还有哈妹的一段青春经历，故事讲的就是女人的生活。

小萍长相不美，因为有龅牙，所以有点丑，她没有苗条的身段，也没有迷人的身姿，所以年龄不小了，总也找不到合适的结婚对象，她非常渴望婚姻，渴望有人喜欢她、爱她。她最渴望的当然是有一个属于自己的幸福的家。为了这个目的，她有些小小的疯狂，为了找到男朋友，她见了男人就着迷，就想要和别人结婚。所以大家都叫她"结婚狂"。与她相反的是万玲，她有娇好的身姿，漂亮的脸蛋儿，是个非常有异性缘的女人，特别是她那勾人魂魄的眼睛，让见过她的男人都迷上了她的风采，因此她的身边总是有男人相追，是个"万人迷"。小萍的"无人追"和万玲的"男人总愿相随"形成了鲜明的对比，难道小萍的内心不美吗？当然不是。这两个人让我们懂得了：原来漂亮的外表真的很重要。

其实，一个容貌占有优势的人，不论是在社交上、业务上，还是在择偶上都能占很大的优势，因为容貌美容易将内在的缺陷隐藏起来，人们对美丽的人都更有爱心。人的本性都是第一印象，所以容貌娇好的人往往不论在事业上，还是在婚姻上，都会占上风。所以你能说外表无所谓吗？而它可以决定一个人一生的命运呢！因为，在这生活节奏越来越快的现代都市里，更多的时候你没有办法和人交谈，擦肩而过的时候，外表就是你给人的信息，先不管内在如何，一个正常的外表，可能效果不突出，而一个美丽的外表，会给自己带来意外的惊喜了。

容貌美与心灵美

了解一个人要观察他的心灵，而不能仅仅凭借着外表去下结论。外在表现和主观评价间有着什么样的影响，为了找出其中的答案，心理学家们曾经做过这样一个实验。他们准备了一些外形各异的人的照片，以及写作水平差异很大的散文作品，然后将散文和作者的对应关系（哪一篇文章是由哪一张照片中的人所写）暗示被测试者，并要求被测试者对文章的好坏给出评论。结果显示，对于同一篇文章，当被测试者认定它是由外在魅力高的人写的时候，就会给予更高的评价，可见人们的判断会受外表的影响。

道理人人都懂，但是在初次见面之后，一个人能够给予我们的信息只能是他的外在表现。在人际交往过程中，每个人都试图根据现有的信息去在某种程度上判断对方，很自然，在初次见面时对方能够给予你的信息只能来自外在形象，形象好的，人们对她评价高，形象不好的，人们对她评价低。无论你怎样极力挖掘，最后作为判断依据的也只能是这些非内在的东西。

也许有些人会反驳："我从不根据外在表现来判断一个人。"可是，你想根据一个人的内心给出判断需要与她相处多久呢？而你真的能够接触到对方的内心世界吗？其实，我们所谓的作为判断依据的对方"内心世界"，并不是纯粹客观的，而是根据外在表现推测出的"外在世界"。

视觉信息常常会占我们感知到的信息的大部分，虽然不是全部人都是这样。而且，人的意识会对感知信息进行筛选，有时候人的意识并不会选择信息量最多的视觉信息，而去选择其他的信息，如此一来，视觉信息对人的情绪的影响在那个时候是比较小的，因为情绪都是一个人对感知思考的结果。

因此，不要说心灵有多美人就有多美，这才是主观想法。其实更多的时候，外貌决定了别人对你的第一印象，甚至最终印象。因为作为无法免俗的动物——人类，其感觉由五官组成，视觉作为捕获外部世界的最重要器官之一，它第一时间捕获的信息也直接影响了你大脑的判断。因为人们了解一个人先是以貌取人。还有，大部分人都受美好事物的吸引，对美有天生的好感。对人的外观美追求也是对真善美追求之一。喜欢和欣赏养眼或漂亮的外表并没有错。

现在有一种理论对内在美非常重视，而对外在美的价值则刻意贬低，实际上是把美的内容与形式分离开来，走向了形而上学的极端。因此，和其他所有的事物相同，美也是内容与形式相互依存、相互作用、辩证统一的有机体。没有形体美、风度美、行为美等形象直观的美，也许根本就没有内在美乃至人性美的存在。既要充实美的内在精神，又要重视美的外在表现，美的外表是非常重要的。

简单地说，外貌给人的就是第一印象，在第一印象中容貌是非常重要的一个因素。可以这么说，大部分人对一个人评价就是从外貌开始的。

因此可以说容貌对一个人是非常重要的，而且说它占第一位也不为过，因为现在的社会与以前不同了，形象真的是非常重要的，人的第一印象更是非常的重要，即使你的内心非常美，也要从外表这个入口，才能让人深入了解。

其实在每个人的内心里，都对容貌美有着很高的崇尚之情，这不需要否认。因为容貌的美总会让人下意识地产生好感，也就是我们所谓的第一印象。俗话说"一好遮百丑"说的也就是这个道理，因此假如你如果有一副非常美丽的容貌，一定要多注意保养，因为它毕竟是一个人象征性的"外衣"，它是一种可贵的资源，它可以给你带来惊喜呢！

女人的容貌是会变的

没有哪一个人可以永葆青春，女人的容貌是会变的。一个女人给人的感觉，随着年龄的增长，是会产生变化的，这倒不是常说的年老色衰的变化，这种变化排除时间因素也会向好坏两个方面变化。某大学的知名教授说："女人的长相是会变的，长得不好不要紧，有些人会变好，长得好的，有些人也会变丑。"

如果注意观察，常有这样的发现，就是有些人年轻时很美丽漂亮，在人群中很有吸引力，可是当年纪变大之后，在同龄人中并不显得好看，甚至还会更加憔悴、早衰，甚至凶巴巴的样子，很不讨人喜欢。

相反，有些人在年轻时并不是特别漂亮，甚至有些偏丑的女人，却可能越长越顺眼，在同龄人中越来越好看。这样的变化产生的原因是什么呢？

生活中不难发现，一般心冷心窄心硬的女人，越长越像这颗心，僵硬、冷冰缺少生气，得不到友善的安慰。而心善心宽心热的女人，有乐观、开朗、有活动的性格，她活得快乐自信，随着年龄的增长，会越来越好看，越来越讨人喜爱。

很多女人认为外貌是天生的，是不受自我意志控制的，其实这仅是一方面。容貌还是社会的，群体共有的。很难想象一朵美丽的鲜花离开了阳光、空气、土壤……还会美丽地开放吗？

女人的容貌，30岁以前是基因遗传，靠的是父母，但到了30岁以后，靠的就是自己对气质的修养。30岁以前，女人的长相多由遗传和生存条件决定的，30岁以后，多会留下社会、修养、阅历、个性、价值观、生活状态等方面的明显痕迹，你展示的不仅仅是外貌，更多的是气质。

女人的容貌要靠养

美丽的女人一般会炫耀自己美丽的外表和漂亮的衣裙，那是因为她拥有值得夸耀的条件。人的外表美，是人体外形的和谐组合与运动，就是说"身体的生命力和和谐性充分使人产生愉快的印象"。人的容貌对人的一生的境遇十分重要，因为它不仅是父母给你的最好的财富，而且更是一种天生的资本，美丽是人们常常希望可拥有的，而外在表现的一种美则是一道亮丽风景，因此需要好好保护它，因为人与人之间的交往，外表是留给人的第一印象，这很重要。一个拥有美丽容貌的人通常情况下会给他人留下美好的印象，让人心生好感。

有美丽外貌的女人往往在交往中吸引更多的注意力，女人不仅仅是漂亮和美丽，还应有丰富的学识和涵养。所有的专家都用一句至理名言告诉女人：女人交往时应该高度重视自身的容貌。很多女性不注意修饰自身的容貌，甚至是出席重要场合，不精心打扮，这是对容貌的重要性认识不足，长期下去，会带给自己损失。

既然容貌的美感如此重要，那么怎样才能增强容貌的美感呢？怎样才能让美丽保留地久一些呢？总体来说应注意两个方面的问题：一是要长期坚持肌肤养护，让自己容貌处于健康的生理状态，这是对容貌最大的保护；二是利用外来的化妆修饰，让容貌以最佳形式表现出来。具体说就是要长期坚持保健、营养、护肤、防晒、运动等事项，让身体健康，皮肤自然也会健康，让皮肤尽量多一点弹性和光泽，少一些皱纹、斑点。

30 岁是女人容貌的分界线，容貌是父母给的，它是不可选择，在自然状态下，它也是不可改变的，多由遗传因素和客观环境决定，30 岁以后的容貌，则是教养、个性、阅历、人生观等方面的复合体。所以，应该说 30 岁以后，女人的容貌是后天培养出来的，而这个"养"字，包含了营养、调养、修养三个层次的内容，具体表现为内养和外养两个方面，这是一个长期坚持的过程，不是三天两天的事情，在一个长久的渐变的过程，女人们的形象会一点点得到提升。

首先是内养。它是学识、品行、见识、阅历、世界观等的综合体现，这些"养分"是源泉，通过一根根血脉、一条条经络浸润着你的容貌，如同计算机的内设资源作用于"窗口"，或许养育得你越来越美丽有风采；或许养分中含有"病毒"，长年累月，侵蚀或消损着你的美丽。内养是根，它吸引的"养分"可以让女人在时光的消逝中，依旧美丽动人。

外养是形，是美容、护肤、化妆、饮食、养生、运动等"形而上"的许多方式的集中。内养外养两者需要很好地协调，互为作用，只靠内养的女人呆板、生硬；仅有外养的女人肤浅，缺乏内涵，唯有内养外养结合的女人才会拥有长久的风韵、品位和风情。这些容貌是"养"出来的辩证关系，这种关系证明：女人的美丽是短暂和单一的，但是女性的魅力可以增长和长存，让你一生一世与美丽结缘。

乐观是心中的阳光

抗战期间林徽因过着以往从未过过的艰苦生活，但是令人赞叹的是她心中一直存在着乐观和坚强，不放弃不低头，最后终于熬到了抗战胜利，1945 年 8 月 15 日，日本侵略者宣布无条件投降。

听到这个消息的林徽因夫妇欣喜若狂，那种开心任何语言都无法描述，八年了，从战争打响的那一刻，他们就过着四处奔逃的生活，为了躲避战争，他们过着贫穷的日子，这几年，林徽因尝尽了人间苦难，如今终于迎来了光明，所有言语在这一刻都变得苍白了。

是啊，勇敢地坚持下去，等待你的是最后的收获，乐观是一种勇气，更是一种品质。

女人要学会坚强地乐观，在工作的过程中，人们随时会碰到意想不到的困难和打击，甚至还会遇到致命的磨难。在这时，积极的心态还是消极的心态将会对你今后的发展产生非常重大的影响。

古时有一位国王，一天晚上他做了一个梦，他梦见山倒了，水枯了，花也谢了，便叫王后给他解梦。王后说："大事不好。山倒了指江山要倒；水枯了指民众离心，君是舟，民是水，水枯了，舟也不能行了；花谢了指好景不长了。"这一番解梦，国王吓得出了一身冷汗，从此他就得了病，病势越来越重。一位大臣参见国王，国王在病榻上说出他的心事，哪知大臣一听这个梦，大笑说："太好了，山倒了指从此天下太平；水枯指真龙现身，国王，你是真龙天子；花谢了，花谢见果子呀！"这一番解梦，让国王一下子全心都放松下来，病很快就好了，他又恢复了健康。

还有一个故事，讲的是一个老太太，她有两个儿子，大儿子是染布的，二儿子是卖伞的，她整天为两个儿子发愁，担心儿子们的生意不好。天一下雨，她就会为大儿子发愁，因为不能晒布了；天一转晴，她又会为二儿子忧愁，因为不下雨二儿子的伞就没人来买了。为了这，老太太总是哀声叹气，日日愁苦，没有一天开心的日子，最后惹得疾病缠身，身子骨越来越差。一位哲学家告诉她，为什么不反过来想呢？天一放晴，你就为大儿子高兴，因为他可以晒布了；天一下雨，你就为二儿子高兴，因为他可以卖伞了，这样无论什么样的天气都可以开心了。在哲学家的开导下，老太太以后每天都高高兴兴的，病全好了，身体也恢复了以往的康健。

事物都有两面性，有好有坏，关键就在于当事者以怎样的心态去看待它们。

（1）寻找让自己不自信的根因，它也许是由于身体上的缺陷，也许是某种能力的欠缺或其他原因。知道了原因，你就可以有针对性地向自卑开战了。

（2）锻炼自我，化"短"为"长"。要对自己充满信心，这样，即使稍有微小的改善，也能鼓舞你继续努力。

（3）永远相信自己是不可取代的，不要企图让自己的行为去符合某一个常规模式。

（4）无论进步有多么小，你也应该高兴、自豪。你对自己价值的认识，要比别人对你价值的认识重要得多。

（5）不必太过介意他人的评论，不要做违背自信的事。这样，你内心就会感到解脱，自然充满信心。

（6）如果你对学习、工作不满意而又没有能力改变，你就应该多放些精力在业余爱好上，借此来发挥自己的才能。这会使你的失望心情得到补偿，让自己增加信心。

（7）如果你被指派去完成一项非常困难的工作，尽力乐观地去处理。如果你畏缩了，你将会对自己的能力失去信心，不但事情不能做好，还会给自己带来无尽的忧虑。

（8）要实事求是，不要好高骛远，因为过高的、不切实际的抱负是有害的。成就动机过高，经过努力而不能完全实现，就会增加无用的挫折感。

（9）每个人都是独特的，不要经常拿自己与别人相比。每个人的特长不同，有些事情，别人可能做得比你好得多。人与人的个性差异是客观存在的，在复杂的社会环境中，福祸相依。要勇于接受那些不可避免、让人不开心的事。如果老是要同别人攀比，你将会对自己失望，这对你是没有好处的。

（10）不要信守这样的格言："别人能做到的，我也同样能做到。"这是一个错误的观点，因为在同样一件事上，不是每个人都能做得同样好，你有你的长处，别人也有别人的长处，你只要做自己擅长的即可。

如果能够遵守以上的建议去做，相信你一定会自信快乐。当然，过分的自信也是不必要的，极端自信的人，常常陷入"不知为之"的境地，让人耻笑，自己还自鸣得意。这种行为在社会交往中，很容易造成与他人的冲突。一般情况下，他们的对手多于朋友。因此，一个人应该承认自己的短处，谦虚而不自卑，自信而不自负。那么，一切不必要的烦恼忧虑必将不存在。

拥有一颗平常心，非常重要。在经历过一些事情后，转而想想，其实，女人在人生中遇到事情，没有必要以太强的谁对谁错、谁好谁坏的心理去评论。凡事以一颗平常心，正确地对待与自己利益相关的人或事，以宽容的态度接受它们。通过不同的经历，有意识地培养自己的心理承受能力，以平和、乐观的态度对待身边的人或事，让自己始终保持一个好的心态，如此，在工作中就能够保持良好的精神状态与旺盛的精力，让工作更出色。

从个人健康的角度来讲，心灵健康应该是最重要的。让自己保持一颗平常心，有助于心理调节，不仅可以让身体健康，心情也会变好。

无论是在生活中，还是在工作上，人与人交往的时候不可避免地会产生一些争论，人与人会攀比，特别是女性，如果处理不好就会对彼此的生活和工作产生不良的影响，所以与人相处时，不要太过较真。传统医学认为，怒必伤肝。轻者会使人心神不宁，伤身损气，影响身体健康，严重的会导致举止失常，甚至一时冲动会造成无法挽回的后果。生活中这样的事例很多，逞一时口舌之快，因闲话惹得四邻不安、亲朋反目；唯利是图，引来杀身之祸。所以，没有必要争个谁是谁非，更没有必要说人是非，制造争端。

学习让自己保持一颗平常心，这样你就可以不大悲大喜。如果你总是对自己要求过高，虽有可能成功，但让你陷入失败深渊的概率就非常大。

谁都可能犯错，对过失而言又分为无心之过与有心之过两种情况。当遇到的是无心的过错时，在心里和感情上我们容易宽恕，而遇到有心的过错时，不管怎样看，谁都很难对其宽容。然而要成为一个有修养的人，就要从宽容那些有心的过错做起。如果能够做到对有心过错的人都能宽容，对待那些出于无心而犯的过错谁还会在乎呢？有时有的事情到了忍无可忍的地步，却要自己强加容忍，这当然是一件不容易做到的事，那么这时候就不必强己所难，即使强忍了也于事无益，比较理性的办法是将其放置一边，等到心情平复了，再去处理就比较容易了，也不会做出让自己后悔的事。

为了培养乐观的精神，可以按下面的步骤进行：

（1）不要做一个对自我约束太过的困兽，冲出自制的樊笼做一只翱翔的飞鹰吧！只要是抱着乐观的态度，必定是个实事求是的现实主义者。而这两种心态，是解决问题的孪生子。最不足以交往的朋友，是那些悲观主义者和一些只会嘲笑他人。真正的朋友，该是"没有什么大不了，只是小麻烦而已"这种类型的人。当我们帮助朋友时，不要只着重分担他的痛苦和说些愚昧的话。如果要建立亲密的朋友关系，他们就一定要有相近的人生观和价值观。

（2）当情绪不好时，可以去孤儿院、养老院、医院看看，看看世界上除了自己之外还有多少人处于不幸之中，相比较他人，自己是否还是幸运的一个？这些人尚且乐观地生活着。如果情绪仍不能平静，就积极地去和这些人接触；和孩子们一起散步游戏，把自己的情绪，转移到帮助别人身上，并重建自己的信心。通常采取改变环境的方法，可以让自己拥有一个新的心态和情绪。

（3）听一些让人感到轻松、欢快的音乐。不要去看早上的电视新闻。你只要瞄一眼《华尔街日报》第一版的新闻就够了，它已足以让你知道将会影响你生活的国际或国内新闻。看看与你的职业及家庭生活有关的当地新闻。面对诱惑，不要屈服，而浪费时间去阅读别人悲惨的详细新闻。在开车上班途中听听电台的音乐或自己的音乐带。如果可能的话，和一位积极心态者共进早餐或午餐。不要一到晚上，就坐在电视机前，要把时间用来和你所爱的人谈谈天，交流一天的感受，这样可以增进感情。

（4）改变你的习惯用语，有些用语可能让自己心情更糟。不要说"他们怎么不想想办法"而要说"我知道我将怎么办"。不要说"我真累坏了"，而要说"忙了一天，现在心情真轻松"；不要说"为什么偏偏找上我，上帝"而要说"上帝，考验我吧"；不要说"这个世界乱七八糟"，而要说"我要先把自己家里弄好"。不要在团体中抱怨不休，而要试着去赞扬团体中的某个人。

（5）向龙虾学习。龙虾在某个成长的阶段里，会自行脱掉外面那层具有保护作用的硬壳，在这种状态下它防范外敌的能力变弱。这种情形将一直持续到它长出新的外壳为止。生活中总是充满变化，这是很正常的，每一次发生变化总会遇到陌生及预料不到的意外事件。不要躲起来，这会使自己变得更柔弱。反过来，要敢于去应对危险的状况及对你未曾见过的事物，要培养出信心来，培养自己应对变化的能力。

（6）珍视宝贵的生命。面对人生的打击，不要放弃生的希望，你所交往的朋友、你所去的地方、你所听到或看到的事物，全都保存在你的记忆中。由于头脑指挥身体如何行动，因此你不妨进行乐观的思考。人们问你为何如此开心时，对他们说，你情绪很好是因为你服用了"安多芬"。

（7）多进行有益的娱乐与教育活动。观看介绍家庭健康、自然美景，以及文化活动的录像带；在选择电影和电视节目时，要根据它们的质量与价值来选，而不是只看商业大片。

（8）在幻想、思考以及谈话中，应表现出你的健康情况很好。每天对自己做积极的自我暗示，不要老是为自己身上的一些小毛病而烦恼，像伤风、头痛、抽筋、刀伤、擦伤、扭伤以及一些小外伤等，这些小伤并不会对你造成真正的伤害，但如果你对这些小毛病太过注意了，它们不但会痊愈得慢，更可能会经常来"问候"你。你脑中想些什么，你的身体就会表现出来。在抚养及教育孩子时，要特别注意这一点。一些父母，虽然比其他人更关心孩子的健康与安全，反而使他们的孩子变成了精神病患者，就是因此他们不懂得制造和谐的家庭环境。

（9）在你生活中的每一天里，写信、拜访或打电话给需要帮助的某个人。让别人因为自己而开心地生活。

（10）养成积极向上的生活习惯。根据对青少年滥服药物所作的研究报告指出，不服用任何药物的优秀年轻人，他们生活中的两大支柱就是：良好的家庭关系以及高度的自尊心。教育青少年，要从这两个方面着手。

怀柔处世强硬做人

讲到怀柔处世与强硬做人这个话题，不得不提及林徽因与冰心间的矛盾，冰心撰写文章来讽刺林徽因，遇到这样的问题你会如何处理？不能骂街，那是泼妇才干的事情，可以选择隐忍，但是那样又会让人感觉好欺负，面对这个情况，林徽因有非常特别的反击方法，据作家李健吾回忆说："我记起她（林徽因）亲口讲起一个得意的趣事。冰心写了一篇小说《太太的客厅》讽刺她，因为每星期六下午，便有若干朋友以她为中心谈论种种现象和问题。她恰好由山西调查庙宇回到北平，带了一坛又陈又香的山西醋，立即叫人送给冰心吃用。"这场较量看似文人间的相醋相轻，但更是一场女人间的战争，林徽因没有咄咄逼人，表现了她做人的态度，怀柔处世强硬做人。

而在社会角色发生巨大转变的当今时代，男人已不再是支撑整个社会的支柱力量，女性也开始拥有了自己的半边天，这让很多男人不得不重视周边女性的变化，女人开始变得不那么有女人味儿了，女人越来越不"小鸟依人"了。其实如果社会上将男人的成功归结于实力的角逐的话，那么作为弱势群体的女人的成功无疑是通过智慧来获得的。而一个聪明的女孩要懂得人生在世，要做到：怀柔处世，强硬做人，这才是女人做人做事的真理。

怀柔处世让女人更美丽

温柔之美是女性魅力的永恒的主题，女人是水，包容万物，对于男人来说，女性之所以美丽完全是因为她们有着让人感动的"似水柔情"。而以柔处世的女人总是有着不一样的精彩人生，她们在繁复的琐事中温柔着对待一切，在承载与负担中包容地看待未来，这种柔美使女人靠自己创造出了幸福，也让女人最终获得成功。

有一个小男孩在小的时候常看到妈妈哭泣。他便不解地问道："妈妈，你为什么要流眼泪？"妈妈回答道："因为我是女人啊！"男孩迷惑地说道："妈妈，我不懂，女人为什么要哭？"妈妈抱起他，轻轻地抱着他、拍打着他身上因为玩耍而留下的泥土，说道："你永远不会懂得，因为你将成为一个男人。"

后来小男孩长大了一些，再看到妈妈为一些事情而哭泣时，他便跑去问爸爸："为什么妈妈会哭？"他爸爸笑笑，回答道："所有的女人都是这样的。"

时光流逝，小男孩长成了一个男人，他遇到了自己喜爱的女人，也拥有了自己的家庭，但他的妻子也会因为许许多多的事情而哭泣，他依然不懂女人为何而流泪。

男人非常想明白其中的原因，最后，他决定打电话给上帝，他问："上帝，您能告诉我为什么女人那么容易哭泣吗？"

上帝回答说："当我创造女人的时候，我决定让她很独特，我希望她的双肩可以强壮到能挑起整个世界的重担；我希望她内心坚强到可以承受分娩的痛苦；我赋予她耐心，使她在遭遇困难时能够坚持，并且没有怨悔地照顾自己的家人；我赋予她过人的爱心，使她在任何时候都可以承受别人的拒绝；我赋予她包容别人过错的善良，并用丈夫的肋骨塑成她想要保护丈夫的心。我将过人的智慧给予她，让她相信人间到处都有希望……但这些都不是我最想要给予她的，因为她所拥有的这些，男人也同样能够拥有。最后我决定让她有像水一样的柔情，并令她可以将这种柔情转化成泪水，只要她愿意，这是她最独特的地方。"

最后上帝说道："孩子，你看，人间的女人的美丽，不是因为她穿着什么的衣服、她保持了怎样的体型与她梳了怎样的发式，而是因为她心中是否拥有足够的柔情去温暖世人。"

从上帝的回答中，不难看出，女人的独特之处便是怀柔处世，既然上天赋予了女人这种过人的天性，为什么不好好地利用它来让自己的生活更美好呢？在当今时代，成为一个美丽女人或是想获得成功，都是可以的，但始终能以柔情来表现女人魅力的女孩却总是最受欢迎的成功女性，所以柔情，是女人最有力的武器。

强硬做人才能拥有自己的天空

人活一世，最需要明白的道理就是要善良，要与人为善，要时刻保持内心的纯洁，不受周遭的事物所污染，同时，刻意地将自己锻炼成看似老练实则精明的人并不容易。但作为女孩来说，学会宽容待人的同时，让自己拥有强硬的作风才不会让自己受伤，才能使命运之途更加平顺。

从车站走出来后，巧青和李凡才看清楚武汉这个城市的样子，早已来到这个城市的同村一个女人告诉她们说，自己在这里挣到了很多钱，每个月除了生活开销，还能剩下不少给父母寄回去。看着她家的楼房一砖一瓦地盖了起来的巧青和李凡经不住这样的诱惑，便不顾父母的反对，约好了要来这座大城市里打拼。

来车站接她们的那个人来了，她脸上化着浓艳的妆，身上穿着紧得过分的吊带衫，巧青和李凡一见她这个样子就感觉有些不对。但在这里她们认识的人只有她一个，只好跟着女人来到了她住的地方。房间狭窄，还有一股不好闻的香味。

那个女人和在家乡时的亲切不同，对巧青和李凡呼来喝去。两人感觉现在什么都要依靠别人，也只能多忍耐一些了。但到了晚上，女人便让两人穿上一些过分暴露的衣服跟她出去，巧青比较机灵，她问道："咱们这是去哪儿啊？"女人白了她一眼，说道："去哪儿？去挣钱去！"巧青问："大晚上的挣什么钱？"那女人冷笑着说："你们说挣什么钱，挣男人的钱去！"巧青和李凡一听就懵了，不是说要去什么工厂里打工的吗？怎么又成了挣男人的钱了？她们才知道自己上当受骗了！

女人还在一边絮叨："我带你们出来不容易，你们挣的钱每个人得分给我一半……"两人坚定地拒绝了女人的"工作邀请"，见两个态度强硬，女人开始发火了："我接你们容易吗？你们想不干？没那么容易！你们以为不跟我干活儿还能回去吗？别打这个主意！我在这儿认识的可不是一个两个黑社会……"没等她说完，巧青插嘴道："我们来这里家里人可都是知道的，如果我们今天不给他们打电话，你家就别想消停！你要是敢强迫我们，咱们今天就试试看，看你怎么收场！"完成，巧青一把拎起桌边的椅子，拉开了架势，李凡一看也赶紧将两人的行李背上了肩。

女人一看两人不是好欺骗的人，立马换了一副面容，她赔笑道："有话好好说嘛！咱都是一个村的，我会害你们不成！"没等她说完，巧青和李凡就拿着行李，从那个房间走出去了，她们直接打了车到了火车站。两人心里明白现在回家一定有些没面子，但总比在这里让女人害了自己好。

"人要懂得宽容"，从小我们就被灌输这样的思想，但在人生旅途中，若是遇到邪恶，一味地宽容与忍让只会使人生变得不幸，而抗争却能保全自己。特别是对于处于弱势的女孩来说，没有强硬的作风只会让自己的善良与宽容成为邪恶者所利用的对象。学会强硬的做人方法溶于生活之中，才能让自己平安。

作为独立的新时代女性，在社交中既要有温柔的内心，又要有强硬的手段，才能让自己的人生有保障。聪明女孩在对待生活中的矛盾与问题时，总是会让自己既展示出作为女性的温柔和顺，又展示出不受人胁迫的强硬手段，并将这两种截然不同的处世方式完美地结合起来运用。她们身上既有女人最优秀的品质，也有控制局面的能力，这样的女孩，想不成功、想不幸福都难。女人要善良，但绝不能软弱。

爱笑的女孩好运气

　　爱笑的女孩总是美丽的，卡耐基说："笑容能照亮所有看到它的人，像穿过乌云的太阳，带给人们温暖。"微笑有着惊人的力量，一个微笑可以打破僵局，可以让人们感觉到温暖；一个微笑可以使人忽视对方的缺点，并能让自己更有自信。聪明的女孩知道，不管遇到了怎样的挫折与磨难，笑容永远不可消失，因为你不知道什么时候会遇到欣赏自己微笑的人。林徽因也是一个爱笑、懂得温暖别人的人，特别是在年少无知的时候。那时候对外面世界充满了好奇的林徽因同父游历了欧洲，在伦敦居住期间更是认识了徐志摩，一股子青春逼人的灵气和那张美丽的笑脸，就这样落进了诗人的心湖。爱笑的女人身上有一股魔力，让人不自觉得被其吸引，为了提升自己的魅力，做一个爱笑的女孩吧。

　　冷美人让人望而却步
　　生活中人们总是会有这样的感觉：不管对方是如何的美艳动人，也不管她是怎样能说会道，一旦脸上没有一点笑容，整个人都变得冷冰冰的，让人不敢接近。这样的女孩不仅会使人远离，也会让自己陷入巨大的人际交往误区。

李安蓝是个标准的美人，她有一双灵动的大眼睛，她的皮肤又白又嫩，小巧玲珑的鼻子和樱桃小口，使人一看就会惊讶：这女孩长得可真好看！但就是这样一个美丽的女孩，却到现在都没有交上男朋友。

像这样美丽的女孩子当然不是没人追求，李安蓝也曾谈过一次恋爱，但那次恋爱并没坚持多少天，男孩便落荒而逃了，他告诉自己的朋友，李安蓝是个标准的"冷"美人，无论你做什么，无论你对她多好，她都永远是一副"冷"表情来对待你。脸上没有一丝一毫的感动与温暖，和这样的女孩在一起，再火热的心也会变成冰块。男孩说自己不想被李安蓝冷冻，因此他毅然选择了离开。

这次短暂的恋情没有让李安蓝有多少伤心的感觉，她仍然每天一副冷冰冰的表情上班下班。见了同事也不打招呼，即使是看到了老总，她也不会主动向他打招呼。公司里的同事都在背地里说李安蓝是个冷傲的女人，没人与她亲近。李安蓝虽然长得漂亮，但公司里从来不会把很重要的工作交给她来做，至于接待客户之类的工作，更是不会让她插手。

李安蓝也不明白自己为什么会被大家所排斥，她辛勤努力的工作也不被人重视，想要交一个优秀的男朋友却总是在现实中到处碰壁……无奈之中，她只好求助于自己当心理医生的姨妈。姨妈见到她来求教，并没有给她做什么心理辅导，只是语重心长地告诉她了一句话："安蓝，你只需要多笑一点就行了。"李安蓝对姨妈的建议很是怀疑：只是笑笑怎么能够解决自己遇到的难题？

但她还是决定试一下，看看效果如何。

没想到过一个多月之后，李安蓝再次打电话给姨妈："您说的办法真是管用！现在公司里很多男孩都给我打电话说要和我约会！姨妈，这是为什么？"姨妈只是笑了一笑："你总是冷冰冰的，谁还敢接近你？即使人家对你中意，一颗火热的心也被你给冻住了！"

在现实生活中冷美人随处可见。影视圈中各种各样的冷美人总是拥有着庞大的粉丝团，但这并不能证明冷美人在现实生活中能和影视圈人士一样受人喜爱。要知道，人际交往注重的是"礼尚往来"，别人对你笑，你却总是冷冰冰的，久而久之，别人自然不会再对你笑，这样一来，就会为你以后的人际交往增加困难。

微笑的女孩最美丽

微笑的女孩总是有着良好的心态，她们用温和的眼光看待世界，用平常心去感受身边的人与事，用公正的思维去考虑问题。喜从天降时，她会以微笑来面对；厄运来临时，她仍然用微笑来应对。在生活中，聪明女孩应该知道，微笑是让自己勇往直前的法宝。

谷蝶很羡慕表姐，其老公虽然并不是特别优秀的男人，却对表姐是真的好，他总是会给表姐买许多的礼物，小侄子乖巧可爱，公公婆婆的疼爱都让表姐的生活幸福美满。但这一切都不是能够让谷蝶最为羡慕的，她最希望得到的是像表姐那样开朗乐观的心态。

几年前，表姐工作的工厂停业整顿了，等工厂再次开工时，却将表姐辞退了。全家人都很生气，别的工厂都是老员工先上岗，她们厂倒好，老员工先辞退。表姐却一脸的坦然：不用生气，没用的。老员工的工资顶新员工的两倍，工厂还要负责各类保险的交纳，为了利益，工厂收新工也在预料之中。

失去了工作，但生活还是要继续下去。表姐让老公给她在街道办事处那里申请了一个早餐的摊位，每天早上起早贪黑卖起了小吃。看着表姐美丽的外貌一日日的因为烟熏火燎而失去了往日的细嫩光滑，连谷蝶都为她叫起苦来。但表姐却总是一脸微笑反过来劝谷蝶："摆小吃摊有什么不好？我一个月挣的钱比你姐夫还多呢！你上班吃早餐不也方便了吗？你不是也可以省些钱下来！你不说感激我，还在这儿为我叫什么苦啊？我要是不摆摊了，谁给你这免费的早餐吃去！"看着表姐脸上的微笑，谷蝶不知说什么好，将接下来想对表姐说的许多话咽了下去。

表姐还是每天早上4点钟就起床忙活，做各种小菜和早餐卖给过往的行人。说来奇怪，周围小吃摊的生意都没有表姐的生意好。每天早上看着表姐一脸微笑地给人们端饭、拿菜，谷蝶总是会从心底对表姐升起一种敬佩。也许这样的日子很普通，但却总是因为表姐的微笑而温暖起来。

微笑的女孩总是会在生活中获得更多的嘉奖：面对挫折，她们的微笑会将挫折踏平；面对磨难，她们的微笑会将磨难冲淡；面对苛责，她们的微笑会将苛责省略。微笑让女孩有美好的心情，微笑的女孩有成长的宽松环境，微笑让女孩的青春成为一展飘扬的旗帜，所以聪明的女孩才会发出，不管世事如何变迁，我宁愿以微笑来对待的感叹。只要有微笑，生活中就会有快乐，只要有微笑，什么困难都可以应对。

　　小小的微笑却有大大的力量，它可以缩短人与人之间的距离，让人们彼此更亲近。常常微笑的人总是会很容易赢得陌生人的好感。聪明的女孩也许不够漂亮，也许不够文秀，但她们总是会很擅长使用微笑这种表情来让自己更加动人。她们相信，微笑是成功者的先锋，只有善于用微笑来面对生活中的一切的考验，才能让生活更美好，并使通往幸福的路途更加平坦。

第四章

提升自己
魅力无限

　　任何东西都可被替代。爱情，往事，
记忆，失望，时间都可以被替代。但是你
不能无力自拔。

——林徽因

　　只有内心强大的人才不会被外界事物
所打败，人生就是一场修行，充满了挫折、
失望、无奈……只有真正强大的人才会
让自己走出阴霾，林徽因的一生可以说
是被疼惜的一生，但是同样不可避免地
碰到过许多挫折，病痛的折磨，直面战
争……她能够给予自己支撑，以自己的姿
态生活下去。

女人魅力体现 _____

　　女人怎样才能让自己充满魅力呢？一个女人的魅力到底体现在什么地方呢？一个真正有魅力的女人是可以留在人们记忆之中的，比如林徽因，我们从她的文字中和别人对她的记载中，都可以感觉到她的魅力，她留给我们的不单单是影像，更多的是气质和韵味。

　　有人曾开玩笑说：如今你想恭维一位知识女性，不要夸她是贤妻良母，因为她会觉得你认为她没有能力；同样也不能叫她们女强人，免得她认为你说她没有女人味。

　　确实，现在的成功女性越来越有风采，她们大多接受过较高的文化教育，有自己的思想、主见；她们独立，会家务、理财；懂美学、有生活情趣……她们已不是 20 世纪 80 年代时线条硬朗的"女强人"，而成为都市中回头率很高的风景女性。她们不是花瓶，更不是老虎。谈起事业，她们能把男人比下去，可她们的身上还有丰富的女人味。她们享受事业享受生活，她们享受着自己创造的成功，不依靠男人，也可以活得潇洒快乐。

　　虽然成功女性越活越精彩，不代表来自于性别的压力不存在了。

　　不管事业有多成功，到了一定的年龄，她们面对着相同的问题，比如结婚、生子甚至更年期等。每到这时，她们就会面临选择，究竟是结束职业生涯回家专做个好太太或者好好享受人生，还是事业放在首位，其他先放弃？当然，做这些选择不是容易的。

虽然大多数成功女性认为单从对工作的驾驭能力上，女性不比男性差，但是一旦遇到升职时，虽然两个人处于同一水平，获得升职的大多数还是男性，这让许多女性感到气愤，但也无计可施。

甚至有人提出了这样的观点，在"嫁汉吃饭"的年代，男人娶一个女人等于要对女人穿衣吃饭负责，女权运动解放了女人，同时也让男人获得了解放。男人负担整个家庭生计的责任减少了，而女人不但要对自己的生存负责，生儿育女、承担家务的责任丝毫没有减少。女性在家里的地位与她们在社会中的地位有很大的关系，如果她的事业有所建树，那么，她在家里的地位也会变高，可以得到家人的更多呵护。因此，现在的女性在家庭中所面对的压力可能比自己工作的压力要大许多。

现在的男性如何看待成功女性？他们是否还会因为妻子比自己成功而觉得很没有面子？女性让他们的生存压力变大了吗？怎样的女性才算是成功的呢？

无论对谁，成功都是相对而言的。我觉得她们应该是坚强的女人，在生活中总会有这样或者那样的困难，不会像一些软弱的女人，会哭会闹会依靠男人的肩膀，成功的女性会自己来承担这一切，然后将眼泪吞进肚子里。她们是有自己的见解的女人，能够敏锐地把握机会，让事业节节上升，因而能够走向成功。她们是聪慧又勤奋的女人，在男人的世界里，虽然要付出更多心血很多汗水，也要获得一席之地。

喜欢这样的女性吗？关于这个问题上，男性有不同的观点，明显分成了两个阵营，一种阵营认为：可能，我应该说比较欣赏她们，但不能接受这样的女人做我的妻子。实际生活中，我还是更接受一个生活化而且很温柔很体贴的东方女人。她能够为我们的家庭多付出一些，如果她做到了，那我也会认为她是个成功的女人。

另一阵营认为：当然喜欢成功的女性。女性应该是独立的，事业和家庭的冲突应该由双方共同协商解决，不应该牺牲任何一方的事业来成全另一方，那是不合理的。成功的女性更有魅力。

魅力女人要有气质

有人说过，要评价一个不漂亮的女人，要看她的内在，如果她知书达理，可夸奖她是"有气质的女人"。

有气质的女人不盲目追求时尚。时尚总是为女人披上小资、中产等外衣以博芳心，而有气质的女人对这些富而堂皇的名称的温度永远是不冷不热、不温不火，决不会削足以适之或狂热以追之。不要错误地认为她不懂时尚，有气质的女人会从时尚中冷静地发掘适合自己的因素。或者摒弃时尚，而崇尚自我，难道这不是另一种时尚吗？有气质的女人懂得如何把自己装扮得更漂亮。看似普通，但当她从你身边走过时，你忍不住止步注目，总是有一些看似不经意的雕琢会让你久久回味。

喜爱音乐的女人有一种特别的气质。不是让自己看似某一类人而附庸风雅。听音乐就像呼吸空气一样自然，并且不可缺少。当大多数人争先恐后地要冲入"神秘园"时，当每条大街上都有马修·连恩的低吟时，有气质的女人总会微微而笑。感觉像是小时吃过的水泡饭——现在已经不会再用它来充饥了。她知道吃得要有营养。如果把听音乐比喻成吃饭，晚宴通常是郑重的：正餐是《图兰朵》，卡拉丝或者波提切利演唱的歌剧片段做背景音乐。如果要有酒那就要《蝴蝶夫人》——浓烈的味道像一杯苦艾酒，眼泪忍不住就流下来，但让人心甘情愿地去感受。饭后的甜点不妨来一点格里格的钢琴小品，轻柔抒情的琴键敲遍全身，在每一处都印上静谧的音符。所以，在华灯初上时欣赏一段婉约的音乐，让心灵跟着音乐自由地飞翔在美丽的城市上空。

喜爱阅读的女性有一种吸引人的气质。正是因为有书的浸染，才有温润、雅致的女人。女人的举手投足、一招一式都流动着书的气韵。书是女人最好的朋友。睿智的你，总能感受到她与《诗经》中的哪个女子相像，或是谁的化蝶在她扑朔迷离的眼睛中再生。盈满暗香的她，像是一首小诗，让人久久记忆。有气质的女人是远方的风景，你只能远观而不可亵玩。要是你才情出众，志趣相投，才有幸与她相识。与有气质的女人共事，如入芝兰之室——久而不闻其香，让人心灵愉快，所有恶俗的浊气侵入不得只能流离于九霄云外。有气质的女人就是一本好书，她让人有了解她的好奇之心，但不是所以人都能读懂她，她也不会让人轻易地走进她的世界。

无论女人有什么爱好，但有气质的女人一定懂得生活。任何人的生活都不会是没有缺陷的。烦恼、焦虑、失落……总是悄无声息地从潘多拉盒子里跑出来，伺机侵占我们惬意的心。凡尘中的你是不是被搅得焦头烂额了呢？而有气质的女人会把它们先放下，暂时"生活在别处"。等待心情平复、神清智明时再杀一个漂亮的回马枪。"诗意地生活"是她恪守的准则。所以，她总是生活得诗意盎然。清晨醒来，喝一杯淡淡的清茶，于是一天的心情都会轻盈曼妙。即使工作繁忙她也能忙里偷闲，放松心情……正是因为有这些小亮点，日子才会每一天都过得开心。

有气质的女人不是不懂人情世故的仙女，她会打理生活起居，又别有情趣。如果时间允许，会做一顿丰盛的晚餐。一边听着花腔女高音的歌剧唱段，一边在厨房煎炒烹炸。收拾停当后，一幅色香味俱佳的油画跃然于桌上：烛光闪烁，格子台布与蓝印花磁盘映衬出的典雅色调，让人感到温暖。细心品味的不只是菜肴，还有生活的情趣，吃一餐饭都是莫大的享受。

有气质的女人总能保持心情的平和。某个夜半时分，她会在枕旁的老公呼吸均匀之后悄然起身，打开书房的一盏台灯，看一段杜拉斯，或是看几首雪莱的诗，或者，只是静静地听着夜的声音，看一看窗外明亮的月，让思绪飞到千山万水之处，也许是想起了某段馨香的往事，一丝微笑绽放在唇边，晶莹得如天上的新月。

有气质的女人总是珍惜对美好品质的培养；有气质的女人的类型也很多，她在世界的每个角落，也许，她就在你的身边。亦舒说："真正有气质的女人，从来不告诉别人自己读过什么书，去过什么地方，有些什么衣服，拥有多少珠宝，因为她不自卑。"有气质的女人，总是让自己在不经意间吸引了很多的目光。

美可以天生，但气质却是后天的培养，怎样才能培养气质呢？这里总结几招。

（1）站有站姿：站一定要挺，抬头挺胸收腹，头别仰上天，胸别挺出去了，一切要平，这是最起码的站姿，而且无论身处何处，只要是站就要保持这种形态，长久下来就会形成一种习惯。如果你说不行，我站不出那效果，那就回家，脚跟、臀部、两肩、后脑勺贴着墙，两手垂直下放，两腿并拢做立正姿势，并坚持站上个半小时，时间一长，相信你一定可以达到效果。

（2）坐：一定要有优雅的坐姿，上身要正，臀部只坐椅子的三分之一，腿可以向左或向右并拢侧放，也可以一条腿搭在另一条腿上，两腿自然下垂。但切忌不可两腿叉开，腿也不能搭在桌子或椅子上，如果你还没习惯的话，就利用工作中休息的时候来让自己适应一下吧。

（3）走：走要走得自然优雅，首先要抬头挺胸收腹，别总是低头看地面，要向着前方。但不要走得骄横，要走得旁若无人，目不斜视，走出自己的风采，速度不要过快或过慢，要不快不慢，稳稳当当。然后还要注意走姿，可以自然扭动，臀部的扭动更显你的腰姿，但不要上身全跟着动，那样看上去有轻浮感，两手要自然下垂，轻轻前后摇摆，别走军姿，也不是走正步，越自然越好看。

（4）外形上还有一点要特别留心的就是着装了，不一定非要名牌，但是一定要穿适合自己的，适合自己的年龄、身材，要穿出自己的个性，一件好的衣服别人穿好看，但你穿不一定好看。

（5）要有自信。外在条件已经好了，那现在要的就是自信，自信的你是最美丽、最优秀的。不要摆在嘴上，做人一定要谦虚，聪明的人不会吝啬自己的赞美之辞。不要太自负，在网上大肆宣传自己多么多么好，给的希望越大，大家看到你的时候失望也就越大。要放在心里，让光芒从心里往外散发，最后表现在你的脸上，人们自然会受到你的吸引。

（6）说到脸那就要说说脸部表情。记得多笑，脸上的笑容可以让你更美丽，不要呆若木鸡，也不要笑得东倒西歪。做不到笑不露齿，那就轻轻上扬一下你的嘴角。最重要的就是你的眼睛，听别人说话，或者跟人说话时一定要正视对方，不要左看看、右看看，要目光柔和、平定，把你的自信表现出来。

如果能做到以上的几点，你就具备了当一个气质女的潜力了，不管你是高的矮的，还是美的丑的，给自己一点信心，相信自己就是最有个性的，展现你的自信，让自己更有魅力。

还有非常关键的一点，那就是要有修养，要有内涵，千万别被人在背后说，那人看上去很有气质，但一张嘴脏话连篇。记住，不管是做美女还是有气质的人，不要打人骂人，那样会毁了你所有的形象。气质由心生，让自己有一颗善良纯洁的心吧。

女性的气质是女性最动人的地方，它是道德上的纯洁、情操上的高尚的最高体现，一个有气质的女人不会让任何人心生反感。

要做一个真正的有气质的女人，首先要有崇高的生活理想。女性应该自己决定自我的命运，而不应取决于男性，应该靠自己的努力，这样内在力量才能发挥出来。女性本人越重视自己的天资、才能，与男子的精神心理交往的能力，她的美和女性气质就越灿烂夺目。

要想培养自己的好气质，女性可以做哪些呢？

（1）多读好书，书可以让女人的修养一点点提升。

（2）有时间可以关注一些时尚、服饰、配饰方面的信息，让自己的打扮更有品位。

（3）注意平时的言谈举止，不粗言粗语，行止要优雅。

（4）坐有坐相，站有站相，走路时尽量做到抬头挺胸收腹，可能刚开始会觉得不自在，但持续一段时间后会无意识地做到这些，多穿高跟鞋对这一点有帮助。

（5）有意识地与那些气质好的人交谈，时间久了，你会发现你受到了影响，紧张及拘谨的情况会消失或减少，你也会应付自如，这我们称为脱敏。

女性独有的武器—温柔

温柔是女性最大的优点，温柔的解释很多，它可以是温和、温存，也可以是柔顺、柔情。在林徽因所处的时代，作为一个受过新思想教育的女人，林徽因更懂得作为女人应该拥有怎样的品质，我们不难看出她是一个温柔的女子，梁思成腿受伤后林徽因悉心照料，作为母亲她在最困难时期对于孩子的爱，无不体现出她的温柔和深情，让她更有吸引力。

温柔是一种品质，是做人的智慧，是人的美德；温柔是爱的力量，也是爱的艺术。

男人需要温柔，女人更需要温柔。大部分女人都是温柔的，温柔的男人也不少。

因为爱，所以温柔，且表达着爱的情真意切；温柔渲染爱，且营造了爱的崇高境界。

要做一个温柔的女人不难，也许温柔只是一个眼神，但它能抚慰你的伤痛；也许温柔只是一个微笑，但它能驱除你的忧郁；也许温柔只是一声问候，但它能增添你的喜悦；也许温柔只是一句安慰的话，但它能减轻你的痛苦。

温柔就是一块磁石，只要你进入它磁场之内，就会被它吸引。

温柔里面包含着深刻的含义，它不是伪装，不是矫情，而是生命本体的一种自然散发。只有生长于生命内部的这种爱的力量，才能保持一颗温柔的心，历久不衰，一直相伴到生命的最后。

温柔可以让我们的心灵得到抚慰，因为温柔是爱的呵护。只要我们心里洋溢着爱，爱自己，爱亲人，爱他人，我们就会变得平和，就会充满柔情蜜意；只要我们心里洋溢着爱，爱自然，爱世界，爱生活，爱他人，爱自己，我们就会变得宁静，就会充满善良和仁慈。

温柔是内心的真和善，是骨子里长出来的本然尤物，是爱心的自然流露；温柔从来都是主动的付出和无私的奉献，常常在无声处，已让对方感动。

有人说，一个社会缺少了温柔，一定会导致动荡、混乱和不安；一个民族没有温柔的女性特征，必然是一个野蛮、残忍和颓废的民族。人类如果没有温柔，人与人之间就会少了许多关怀与友善，生活就会变得僵硬和冰冷，没有一个人在那样的世界活得开心。

只有当爱充满人间，只有人与人能够温柔相待，人们的心灵才会如此平静祥和，人们的微笑才会如此春风宜人，人们眼中的世界才变得更加美丽和更让人热爱。

女人——最是那一低头的温柔

徐志摩在一首诗中写道"最是那一低头的温柔，像一朵水莲花不胜凉风的娇羞"，这大概是写女性温柔最传神的一笔，它把女人的温柔完美地展现了出来。

"女人是水做的"不仅仅是形容女人的眼泪多，还是形容女人的像水一样的柔情。女人可以没有美丽的外表，但不可以没有温柔的品性。温柔是美丽女人最重要的一大要素。著名哲学家卢梭说："女人最重要的品质是温柔。"马克思则认为："女人最重要的美德是温柔。"温柔是女人最美丽的品质，它能让世界充满平和，具有一种特殊的魅力，她们更容易博得人们的钟情和喜爱。温柔的女人更像绵绵细雨，于无声处让人感受到温暖。

女子多温柔，以温柔为美。温柔是善良的同义词，一个内心险恶的人是不可能温柔的。随着现代意识的增强，审美情趣的提高，女性越来越悟出自身美的价值，因而自觉地去维护自身美，塑造自身美，女性的美永远是她拥有的品质。

温柔，像春天的微风，让湖水变得温暖，又像丽日深藏于碧荷中的红莲，它拥有让人折服的力量。而女性这种特有的温柔却独具风采。温柔是纯情发出的柔光，是美好心灵的外在表现。善良的品德常在温柔中呈现出光彩。温柔不是世故圆滑，更不是虚假伪善。它表现了孩子般坦率诚实的人格，袒露出赤子般端正无瑕的情怀。女人不需要刻意学习，温柔就在她的本性中。

上帝对女人最大的馈赠，不是赋予她们外表的美丽，而是一种女性特有的温柔。对于女性来说，这种温柔，是一种生活的智慧，是一种人生的境界，是女性独具的气质。它能给人们带来幸福和快乐，使一切变得美好。

在平常的生活当中，人们似乎对"女企业家""女强人""女政治家"等产生一种特殊的崇拜心情，好像只有性格坚毅、果敢的女性，才能成为那样的人，而性情温顺的女人，便不会成为"女企业家""女强人"，甚至"女政治家"等，其实这种观点是不正确的。

社会上一些女强人她们都有自己的柔情。

英国前首相撒切尔夫人是世界知名的"铁娘子"，她叱咤风云，不让须眉，让世人看到她强悍的一面；但在家中对丈夫却是非常温柔，每周不管多忙，也要挤出时间为丈夫买香肠，亲自为丈夫做几顿早点。可见，撒切尔夫人在家中是一个对丈夫体贴的妻子，她也有她温柔的一面。我们的革命前辈邓颖超，在公务繁忙的情况下，还要亲自穿针引线，为周总理缝补衣服。国际著名影星索菲娅说："我将做母亲看作我在生活中可扮演的最伟大的角色。应该最大限度地把爱抚和柔情献给孩子。"女人要用温柔来温暖家人，女人对生活奉献柔情，犹如男人对生活奉献勇气和力量一样伟大。女性的温柔表现在许多方面。她们待人亲切温和。她们可能平时说话不多，但若她们开口说话，总是那么动听，足以使人为她们痴迷。

其实温柔常常是与爱恋、仁慈、宽容在一起。但是我们不能把温柔和软弱无力混为一谈。因为我们可以看见，三月的春风是最温柔的，但是它却可以赶走冬的严寒，可以给予大地绿色的衣裳。温柔具有神奇的魔力，它可以温暖所有的人。这就是说，温柔是女性善良心态的表现，温柔是女人对男人的一种体贴和安慰，温柔是女人对孩子的一种保护和母爱，温柔是女人对他人的一种关怀和尊敬。温柔是女人的天赋，是女人的优良品质和内在美，是女人最大的美德。

温柔是一种气质，温柔一种美德，温柔是一种生活的智慧，它是女人独特的天赋，可以让女人生活得更好，因为它能让心最硬的男人被之融化。在岁月的轮回中，女人的美丽渐渐流失，然温柔馨香留存，让人永远记忆。温柔女人，散发的迷人气质有诱人的魅力和征服他人的力量。气质是每个人相当稳定的个性，人的习惯、个性与内在修养各不相同，因而每个人的气质也就不尽相同。如今的社会更是美女如云，可是仅有美丽的外表是不够的，还要有灵气，没有文化的女人，是不能让人欣赏很久的。相反，相貌平平的女子，因有了高雅气质的衬托，越发神采飞扬、风韵动人，相处越久，人们对她的喜爱越多。

女性的温柔是一尊美丽的雕塑，它是由自信、幽默、宽容、丰厚一点点地雕琢而成的；女性的温柔像一块光芒闪耀的珠宝，吸引所有人的目光，这灿烂的光芒，让整个世界变得明亮。女性因为温柔而变得可爱，生活中因为有温柔的女性而变得丰富多彩。这个世界之所以如此美好，就是因为有温柔的女性存在。作为一个女人，如果你没有美丽的外貌，也可以青春不再，但必须要拥有像水一样的温柔。因为温柔能使你充满魅力，温柔能使你拥有成功的事业，更重要的是，温柔可以让你享受到人生所有的幸福，更成为爱人一生的珍爱。

温柔会将真爱带到女性的身边：爱情中的女性，她们的温柔似月似花，有一份天真，有一份浪漫，有一份柔媚，有一份朦胧，有一份温存，这种温柔像催化剂，催促着爱情的花果早日绽放成熟；温柔带给女性最大的幸福：妻子的温柔像一缕春天的阳光，像一轮秋夜的明月，为生活平添着温馨和明净；温柔带给女性一份人间友情：朋友的温柔是智慧的馈赠，会在困境里产生不可消灭的希望，得意时流露出成功的潇洒和淡然；温柔带给女性最纯最真的亲情：家人之间的温柔，是增强亲情的纽带；温柔带给女性一种风采：与人相处时学会运用温柔创造和谐的气氛，让人际关系更好。

女性的温柔表现在许多方面。她们待人谦和亲切。她们可能平时说话不多，但是她们一旦说起话来，却妩媚动人，足以使人欣赏。

在与人交谈中，女人大多使用惊讶的、难以料到的、愉悦温和的语调，同时往往带有浓厚的感情色彩。而且，在谈话中女人很少打断男人的话，而男人打断女性的事，时有发生。当客人来访时，女主人往往热情地欢迎和招待客人。在与他人的交往中，微笑也成了女性角色的一部分，微笑可以让人感受到她的热情、谦和大方的脾性。所以，女人待人谦和亲切的风度往往令人宾至如归，让人喜爱上她们。她们善解人意，不会强人所难。人们普遍有一种心理，即对那些对自己的一言一行心领神会、体贴入微的人都有一种由衷的欣赏与喜爱，女人的善解人意，常常是最受人赞美的品格。

只有良好的气质，才能让女人永葆美丽的形象，因为它使生命保持新鲜与活力，通过它不断地吐出浊气，吸收新鲜氧气，给生命营造一个清新、整洁的生长环境。而作为一个女人，你可以没有雪白的皮肤，可以没有精致的五官，可以没有苗条的身材，可以没有乌黑的长发，但是请你务必有一颗温柔的心，请你不要丢失了与生俱来的温柔，再多一点温柔，那么你就更美丽一点。

温柔的女人有最温暖的女人味，她平和、不尖酸，她有柔软的内心，但又自信充满芳香。温柔的女人一定会获得幸福的生活，因为她不生愁怨，不会寂寞。是爱让她的心充盈而有力量，里边有温热的泉。她明白自己的力量所在，魅力所在和快乐所在。她优雅的情怀与宽容的气度浑然一体，浑然天成。

人人都喜欢温柔的人。与一个女人相处，她不需要说太多的话，就能看出来她是不是温柔的。温柔的女人给他人如沐春风的爱恋，也给了自己最美丽的幸福滋味，女人的温柔人人都能感受到。

温柔是一种使人感动的品质，它有一种令异性迷恋的魔力，是一种微妙的美的韵律。女人和男人的温柔有所不同，女人的温柔如鲜花般浓香扑鼻，让人为它陶醉；男人的温柔似清风拂面，*丝丝缕缕*，让人心动。女人因温柔，显得格外婉约动人；男人因温柔，显得更加坚实可依。温柔是一种力量，一种发自内心里的微笑，它比任何美貌更具有经久不衰的魅力。温柔是一种品性、一种智慧、是一种修养，是知识和教养熏冶出来的美好情感，是深刻思想与内在气质的自然流露，温柔是每个女人都要做的功课。

温柔不是女人的专利，男人也不可或缺

女人有温柔的优点，很多男人同样具有。自古以来，男人就和刚毅、坚强与豪迈等词联系在一起，人们对男儿的培养也注重这些方面。"男儿有泪不轻弹"！在某种程度上扼制了男人的一些本质，在无形中加大了男人的自我承受能力。这是对男人很不公平的评价和要求，殊不知，男人也会被温柔融化！而且男人也和女人一样，在其性格里也有温柔的一面。

男人的温柔，多是静默后低首回眸的一笑、轻声细语的呵护和小心细腻的体贴。男人的温柔，是崇山峻岭深处的清泉，是暴风雨后的宁静，是炽热浓情的升华，是不经意流露出来的具有整体渗透力的成熟。男人的温柔，往往在历经坎坷后，显得更加突出，让人为他感动，男性的温柔最让人欣赏。

男人的温柔，像韧性特强的钢。在男人性格中渗入这种温柔，就标志着男人的成熟与稳重，透射出大度、宽容与明智。

女人真正倚靠的不光是男人有力的双肩，更多的是男人不变的柔情。温柔，给男人刚性的外表画上了一点点温暖的色彩，焕发出男人的另一种生活色彩，而这浓浓的色彩灿烂着每一个家庭的天空，给自己所爱女人的脸上总有笑容，让女人生活快乐。

男人的温柔有时就像急风暴雨，可以驱赶聚集在心头的创伤和郁闷，增加对事业成功的希冀和力量，化解生活中的龃龉。男人内心的温柔与女人不同，不需要相敬如宾或者举案齐眉。他只会投去一个真诚的微笑，一个热情的吻，或者送去几句关怀的话语。在"润物细无声"中，感受真诚与善良中的温柔。真正的温柔应该是在生活的碰撞中释放，在相互对爱的向往中潜流，绝对的尊重与服从并不是温柔！

一个胸怀开阔、感情丰富、有血有肉的男人，总是以智慧的目光观察着这个世界，以温柔的目光欣赏着自己的爱人。他们怜香惜玉，情愿敞开温暖的怀抱，成为女人最强大的后盾和最可靠的港湾，男人的温柔特别被女人珍惜。

如果说女人的温柔是一支小夜曲，轻轻吟唱，尽显女人的娇媚可爱，则男人的温柔就像一支牧歌，在快意的抒发中，抒发的是男性的绵长。女人的温柔是风拂细柳的倾诉，男人的温柔则是蜻蜓点水的眷恋。女人的温柔常是低首回眸的一颦一笑，男人的温柔多是静默时的抚摸呵护。一个女人的温柔多是真情的表露，一个男人的温柔往往是历经坎坷，学会爱恋后的人性提升和感悟，因而更侠骨柔肠，更让人心生爱意。

男人的性格需要完美，而完美的性格需要温柔！中国男人最大的优点就是温柔，那是一种有责任感的、有爱心的、有力量的温柔。

中国男人身上有一种特殊味道的温柔，那是一种有力度的温柔，这一点全世界都公认。西洋男人温柔起来往往"柔"不可挡，但是多为简单的恭维，而中国男人的温柔则是深厚的，包含着更多的责任感、承诺和人生态度，是一种由内而外的深刻展示。在欧美国家，常常看到男人为了得到女人的欢心，摆出一副柔软的姿态或身段，看着浪漫，但不一定能给女人切身的好处。打个不很恰当的比方，西洋男人设立了美丽的情人节给女性，来向女友表示他们的深情、浪漫和温柔。是的，外国男人的温柔，则很讲究形式，中国男人的温柔，注重内容、文化、实用性。

中国男人的温柔地深刻而含蓄，中国男人的温柔可能有些沉重，因为承载着太多的文化内涵，所以，这里的温柔，更像是"温良"，掺和了对爱人和家庭的责任感。

周润发可以说是中国男人温柔的典范，从他身上可以看到中国男人温柔的特征，他创造的第一个经典是《上海滩》里的许文强，他压低帽檐、身披风衣，在漫天风雪中，温柔地撑起一把伞为冯程程遮挡风寒；即使倒在血泊中，还念念不忘去法国找冯程程……第二个经典是他在广告里温柔地为佳人冲洗头发，那一幕让所有人深深地记在脑海里，也极具中国特色……这样的温柔，是情义，是道义，是善良。周润发在生活里更是一个温柔的丈夫，谈到夫妻相处之道，他说："太太就好像我的一面镜子，望到她就好像望到自己。"结婚这么多年，工作之余他们夫妻俩大部分时间都待在一起，分开几个小时，就会彼此想念。他很喜欢待在家里，听不到太太的声音，他就会感到不习惯……实际上，大部分中国男人温柔起来都有这样的风范，他们的温柔在骨子里，在心底深处，虽然没有过多的语言表达，但可以从他们的举动中感受到，让太太感到安心、温暖。正如周润发所说，中国男人的温柔，如同沙砾上的月光、线装书里的暗香。

西洋男人的温柔，大多是一种姿态，甚至是一种礼貌，他们没有一生一世的誓言，也很少给温柔赋予一种责任。所以，他们的温柔多少给人感觉有些应景，有些轻浮。温柔一时是容易的，温柔一辈子则很难。中国男人的温柔更有力度，他们的温柔像陈酿老酒，随着时间的推移，越发醇厚；而西洋男人的温柔则像鲜嫩的牛奶，虽然美味，但只有几天的时间是新鲜的。

有个"海归"女子，特地从美国回来找了个中国男人结婚，有人问她："他身上有什么优点吸引你，让你决定嫁给他的？"她说："交往的日子里，有一次我要出门，他突然弯下腰来帮我擦皮鞋，我当时就下定决心，如果要嫁人，就嫁给他。"

无论男女，温柔都是最让人喜爱的优点，温柔都宛如春天里的花朵，芳香四溢，让人感受到激情的流动。又像是月光下的清泉，明亮清幽，让人看了久久不愿意离去，只能听见自己的心跳。温柔是一种内在的气质美，每一个人都要让自己拥有它！

塑造高贵的魅力

人人都想让自己高贵，但高贵的魅力是天生的吗？当然不是，林徽因的高贵气质是随着成长慢慢积累的。每一个女人，无论漂亮与否，都希望自己是有魅力的，也都或多或少在营造自己的魅力。但请试想一下，如果无人喝彩，隆重的亮相还有什么意义呢？因此，让我们了解一下男人心中的看法……

有人做过一个实验，他们选出了 10 种公认有魅力的女人类型，然后请 104 位男人来选择他自己心中最有魅力的一个形象。对这 104 位男人的要求是：年龄 25 ~ 45 岁；受过良好教育，一般要求大专以上学历；处于不同的专业领域；有一定的经济基础和社会地位；有情感经历、欣赏有品位的女性，至少对女性的关注比较多。

女人们，看看男人心目中的理想女人是什么样子的，也看看欣赏你的男人是什么样子的。

1. 一个永远长不大、胸无城府的快乐女孩

她单纯、快乐，她的纯真影响着周围的每一个人，让人因她而感到快乐，她热爱生活、无拘无束，随心所欲又有些漫不经心。她讨厌艰涩和故作深刻，她就是那样没心没肺，要让她执着、沉迷于某一件事实在是不容易。

2. 她是男人生活中的一道风景

她擅长交际，喜欢热闹的生活，以施展她社交明星的魅力。她不会刻意去思考一些深沉的人生哲理，也从不理会生活以外的东西，她为她自己的生活而陶醉。

3. 一个典型的中产阶级知识女性

她外表质朴、自然、与世无争，内心浪漫，强调个性却不张扬。她有自己的工作、爱好，有自己的生活圈子，只有能够进她内心的人才能真正了解她，也才能为她所欣赏。她的气质和教养是她丰富内心的流露，也是与别人拉开距离的原因。

4. 理想的贤妻良母

她具有中国女人的传统优点，她温柔、内敛、安静、沉着、细腻，善解人意，注重生活细节，尊敬老人，喜欢孩子。家庭是她的

人生最大的事业和乐趣，她愿意为家庭无私地付出。教养和良好的经济条件，使她超越了无聊和庸俗，她从不羡慕男人和事业性女性，只专心经营自己小小天地里的一份平淡情感。

5. 一个理性的女人

她意志坚强、说一不二，喜欢把握局面，聪明而善用头脑，很少感情用事，不会因冲动而铸错。她独立而事业有成，她像男人一样活着，却懂得适度施展女性魅力。

6. 她像一匹难以驾驭的野马，自由、奔放、潇洒、热烈

她让你联想起一切浓烈和快节奏的感受，她喜爱爽快、简洁的作风，不喜欢半点纠缠。她的心太大也太高，于是凡俗琐事便一概被她忽略掉了，但骨子里的性感和精神上的细腻却自然散发，她就像在草原上自由奔跑的野马。

7. 她是物质与精神的双重贵族

她享受物质，但从不因为物质的满足而放弃精神的追求，相反，物质基础使她更有实力追求精神世界的建筑。她洞悉一切成熟，使她在物质与精神的世界来住自如，她独立而自主，她有解读生命的能力。

8. 一个容易满足的生活型女人

她过着平淡的生活，但保持快乐的心情。她对生活的要求并不太高，喜欢轻松、愉快、富足地活着，不喜欢压力和波澜。安于现状和乐观的天性使她活得更年轻。她单纯而敏感，有许多相处很好的朋友。

9. 她是女人中的女人

她身上有古典美，又有现代的浪漫，她身上充满诱惑，但是没

有一丝邪恶感，美是她的理想。世俗生活离她那么遥远，仿佛她来到这个世界，只为做一个女人。

10. 一个风华绝代的女人

她的奢华与她的高贵一样让人过目不忘，最华丽的场合里最出风头的总是她，她像一位女王。她喜欢那种众星捧月的感觉，她通过征服男人的方式去征服世界。

女性的魅力可以说就是女性吸引男性的力量，是一种由内而外散发出的让人心动神摇的吸引力和动情点。它是一种内在和外形的完美结合，还是形体、气质、仪表、性格、内涵等各方面的包容体，魅力有先天因素，像容貌和身材，也依靠后天的培养，如气质和修养。新世纪对女性有了不同的定义，可以用三个英文单词加以概括，即 Spiritual,Stylish 和 Sexy。所谓 Spiritual 是指拥有乐观、自信、积极向上和坚持不懈的精神，Stylish 是指具拥有自己的信仰，拥有独到的品位和格调，而 Sexy 则不仅仅指美丽的外表和性感的身材，更指一种性感迷人的神情和姿态，一个女人若能同时拥有这三者，无疑就是最有魅力的女人。

女性魅力体现在很多方面，归纳起来主要体现在三个方面：女性的形体美、精神风貌美和修饰美。其中女性的形体美在展示女性魅力中占有非常关键的作用，在两性审美活动中具有外在、直观的特点，是进一步发掘审美对象内在美的关键。女性形体特征是肩窄髋宽，皮下脂肪丰富，颈脖纤细，双乳耸立，加上纤腰肥臀，形成了女性躯体呈柔润细腻且具富有弹性的曲线美，尽显女性温柔娴静之美。在形体美中容貌占有特殊的地位，人们常用柳眉杏眼、樱桃小嘴来形容女性的美。确实，女性含情脉脉的双眼，端正的五官，白皙的皮肤无不具有勾人魂魄的魅力。人都有爱美之心，千百年来，男性往往更欣赏女性形体美的魅力。女性第二特征美比起无形的内在之美来，更为直观，因而起的作用更大。在第二特征中最富有美的魅力的是乳房。丰满的乳房是女性美特有的标志，展现了女性形体特有的线条。乳房的大小并没有严格的标准。从审美习惯来看，大小合适才是最美的，过大或过小的都不算美，更为主要的是乳房大小还要根据形体状况综合来看。乳房除了具有哺乳功能之外，还有审美功能，因此为了充分发挥乳房的生理功能，要保持乳房的健康和美丽，科学地选择乳罩是非常重要的，但也不能过分束腰，形体美是女性最直观的展示，一定要保持形体美。

中国古代有许多出名的美女，最有名的是四大美女，即"沉鱼落雁，闭月羞花"。"沉鱼"说的是"西施"，她的故事是这样的：西施在乡村的河边浣纱，河里的鱼儿因为贪看西施的美貌，竟然忘记了游水，所以沉了下去；"落雁"讲的是"王昭君"，昭君出塞的典故相信无人不知，它一直是诗人们吟咏的题材，昭君西和戎狄，走在大漠中，因为思乡而弹琴歌唱，天空的大雁因为她的美丽而忘记了飞翔，以至于落了下来；"闭月羞花"更是奇妙的故事，故事讲的是"貂蝉"和"杨玉环"，一个可以将月色的美丽比下去，一个可以让国色天香的牡丹也自愧不如。可见四大美人的妙处，其实美人不仅因为她们天生佳丽、花容月貌，更因为她们的事迹和环境的影响，因为她们特殊的身份和经历，无论姿色美貌、琴棋书画，和修养方面都有很高的造诣。

除了自身形体外，女性魅力更多来自无形的精神风貌。这种魅力更为深刻、持久，甚至可以让长相普通的女性展现出独特的吸引力。这种无形的魅力很大部分来自女性气质、风度和教养上，通过她的举止、神态、表情等来体现。所以说女性保持形体美外，还应注意在形体、姿态、举止等方面综合培养。有人曾经说过，一个女人只有一种方式才能获得美丽，但她却可以通过 10 万种方式来使自己变得可爱。女人的美丽不全靠天生，上帝给她一张脸，她能造出另一张来。知识、教养、风度和心灵美无疑可以增添许多独特的魅力。这就是为什么一个外表并不是很出众，但心灵美的女性会在一些优秀男人眼中成为最美的女人。

在女性美的魅力中，修饰美对人的影响非常重要。一方面它可以对女性魅力进行补充和加强，另一方面它可以对女性外形起到扬长避短的作用。当然修饰还要结合女性本身的情趣、职业、年龄等，同时也要强调内外美的结合，使得举止风度美、表情的自然美、服饰美和心灵美和谐地统一。修饰美，包括美容美发、服装、配饰、首饰等，这些修饰一定要配合自身的特点，突显自我的性格，切不可一味追求时髦，以适宜、适度为好。

有些女性天生丽质，她们的美丽是上天的恩赐，但是不管多美丽的女人也要注重后天的修养提升。女人的魅力能随着后天的培养而增长。如何提升魅力不是短期的事，首先要从养成良好的生活方式开始，并持之以恒。这是一些琐屑而缺少"魅力"的细节，然而"天使藏在细节之中"，正是这些习以为常的平淡"小"事，让女人越来越有魅力。

根据对中国女性的了解，要做一个有魅力的中国女性，以下二十件事是女人必做的：

第一件事是要注意仪表，在见外人前，养成照照镜子，检查仪容仪表的习惯，检查一下面貌和着装的基本状况。你至少要习惯使用冷暖色两只以上颜色的口红，肤色不够好的女性一定要用粉底调整一下面色。总之，一定要漂漂亮亮、精精神神地与人见面。

第二件事是勤洗澡，条件允许的话要每日洗澡，每天更换内衣，社交场合，每日更换外衣，保持身体清洁，无体臭、口臭等身体异味。

第三件事是一至两天必须洗发，让头发飘逸清爽。中短发女性每月至少修理一次，保持靓丽的发型。去重要场合一定要精心打理你的发型，让头发整洁并富有光泽。

第四件事是着装整洁、得体、色彩协调，有时尚感，不同的场合要穿不同的衣服，懂得服饰与身份、个性、气质、教养的基本关系，不可乱穿衣。

第五件事是学会微笑，特别是在喜庆、热闹的场合，要能够控制自己悦目的表情，时时提醒自己保持最宜人的笑容和表情，不可僵着脸，给人沉闷的感觉。

第六件事是形态要端庄、得体，无论站、坐还是行走都要优雅、自然。

第七件事是学会控制说话时的语音、语调和语速，说话时声音不要过大或过小，语速也要适中，要让声音清晰、悦耳、自然、友善。

第八件事是能够控制体形，吃饭不能吃得过饱，对于那些甜腻、油炸、高脂肪、高热量食物，要少吃或是不吃。

第九件事是保持营养，每天至少吃 0.5 ～ 1 千克新鲜蔬菜、500克牛奶、2 瓶酸奶、1 ～ 2 个水果、一个鸡蛋。还要注意补充一些豆制品，如果想用些保健品，应选择高品质的保健品，如复合维生素等。切忌乱吃保健品，一定要根据身体而定。

第十件事是要做美容。每月至少花两个小时的时间做两次美容，可选择去美容院，也可以自己动手，如彻底清洁皮肤、按摩、贴面膜等。坚持做美容，受益的不仅是皮肤，也可以在美容的过程中让身心都得到放松和享受。

第十一件事，要多运动。每周坚持 2 ～ 3 次体育锻炼，如果有毅力最好每天运动。可以选择自己喜欢的运动项目，比如跑步、游泳、网球、瑜伽等。

第十二件事，女人都爱逛街，但逛街的次数不宜过多，每月保持在 2 ～ 3 次即可，不要只逛廉价的商场，要逛高于你消费能力的商场，提高审美兴致，激活你的感受和心境；还要逛适合你消费的商场，有计划地更新你的服装和饰品，让生活充满乐趣。

第十三件事是每月至少翻阅 3 ～ 5 本时尚、美容类杂志或报纸，即使工作忙也要抽出时间读一些，坚持了解时尚信息，让自己不会与时尚绝缘，变得呆板。

第十四件事是每月至少阅读一本有关女性生活、美容、服饰、化妆、健康、养身等方面的书籍，每个月都能得到一些新的知识，可以和朋友分享心得，交流经验。

第十五件事是要多读书，阅读一些人文书籍，根据自己的时间安排，每天读一些，不断充实自己的见识和情趣。

第十六件事是懂得基本的礼貌、礼仪、常规，尊重他人，待人诚恳，得到别人帮助时能习惯性地说"谢谢"，打扰和影响他人时，一定要记得说句"对不起"。

第十七件事是将更多的爱心给予家人，拥有良好的家庭关系，能够记住家人的生日等纪念日，能与家人分享快乐、分担困难。

第十八件事是珍惜友情，能够每月都主动联系亲密的朋友，保持信息与情感的交流，最好有10个能经常主动联系和交往的好朋友。

第十九件事是保持关心，对人要富有爱心和感激之心，对他人要宽容，也要站在他人的角度多理解他人，保持平和的心境，与人相处以付出多于获取为乐。

第二十件事是要有自己擅长的技能，并要不断提升专业素养，成为社会和周围人士需要的人，让自己有一份事业。

为什么说是最低限度的二十件事情，做到这些有什么好处呢？

一是这二十件事涵盖了提升女性魅力不可缺少的基本事项，如果可以做到，一定可以成为一个有魅力的女性；

二是这些内容涉及容貌、服饰、发型、形态、礼仪、礼貌、健康等基本事项，是目前中国女性普遍较为缺乏，能够较快提升的一些事项，是女性最需要学习的内容；

三是看起来这二十件事情很多，但它们不需要太多的花销，大多数女性都可以完成；

四是要想长期坚持这些要求，不是一件简单的事，但却是可行的。这里面最难的是毅力，如果懒惰、缺乏毅力，魅力一定与你无缘。

每个女人都知道想要保持身材有多不容易，法国一位专家这样说过："不要小看一个能够长久保持优美身材的女人，这是一个顽强和很有毅力的女人。"可以说，女人美丽的身影背后不仅仅是形体的问题，女人提升魅力也不仅仅是漂亮的问题，其中还有诸多的女性内涵和外修的"禅理"。女性的美丽是一生都要做的功课，当你做到了上述的20件事情并养成习惯后，你还需要进行新的调整，增加新的修炼内容，使你的意识和行为会变得自律和有惯性。女人的魅力不只是为了吸引异性，也是提升自我的生活品质和保持身心健康。

韵味女人最美

身为人母之后的林徽因，不再是青春时期浪漫的小女孩，美得娇俏，她的美给人一种很舒服的感觉。有着为人母的慈爱，为人妻的贤淑，一举一动都透出涵养、聪慧与贤达。她是一位很有韵味的女人，在她身上的这种优点值得每一位女性学习。

要做一个有韵味女人，首先得是一个善良的女人。善良是人最原始的天性。善良的女人待人友善，不摆高姿态，善于亲近人，有着做人和生活的准则；善良的女人不会锱铢必较，她不生怨恨，没有报复心，用冷静的心看世界，用平和的心态处世。

要做一个有韵味的女人，得有足够的智慧。智慧是人最重要的东西。智慧的女人懂得做人处世的真谛，经得起花花世界的诱惑，不随波逐流，明白家、朋友、事业的辨证道理。努力创造和谐的人生；智慧的女人爱好广泛，喜欢学习，注重内涵修养，她会把她的爱心给予每一个相遇的人，让世界多一些温暖。

要做一个有韵味的女人，得学会淡雅。淡雅是人最可爱的美丽，那是一种少女式的美。淡雅的女人不喜欢浓艳的妆容，推崇"清水出芙蓉，天然去雕饰"的自然之美，即使不是美丽动人，但有着素雅的脸庞和简洁的气质；淡雅的女人从来不炫耀自己的那种美，她们只想还原人性的本真。没有一定的生活情趣和艺术修养，是不可以成为淡雅的女人的。淡雅是最真实的美丽，没有一点伪装。

每一个有韵味的女人，都要有一个健康的身体。健康是人最宝贵的财富，没有健康，女性的美就没有施展的空间。有韵味的女人有着良好的、积极向上的心态，随时保持乐观的人生态度，所以她们能保持健康；健康的女人善于面对人生的困难挫折，有着顽强的斗志和毅力。健康的体质是每一个女人都要首先考虑的问题。一个病恹恹的女人很难承受生活的压力和重负，更谈不上在事业上有所成就了。健康是女性最大的美丽。

有韵味的女人身上有女性成熟的美。成熟是人最理性的标志。成熟的女人不仅有成熟的身体，更有成熟的心灵。大多数的女人很感性，而缺乏理性，有的女人还乐于矫揉造作。她们一般不用理性的目光看社会，不用理性的头脑思索人生，她们有比较严重的依赖心理，不独立；成熟的女人一般都是具有独立性的，她们可以独自支撑起一个家，即使没有男人，她们也可以把自己的家园建设得很美好。她们有冷静的性格，不会冲动，会理智地解决问题。她们身体散发出来的气息很有女人味，像熟透、香甜的红苹果，很让人喜爱。

有韵味的女人总是万种风情，她们身上的性情不只是一种。她们不仅仅是如诗如画的女人，更重要的是她们已学会如何让自己的生活富有诗意。韵味女人用青春和生命营造温馨甜蜜的家园，她们用温柔和深情让家人生活得快乐、舒适。

韵味女人知道怎样才能有不俗的气质，她们的每个笑容、每个眼神都显示出她们的沉静和端庄。在丈夫面前她们是温柔体贴的，在公婆面前她们是孝顺懂事的，在子女面前她们是慈爱温暖的……有韵味的女人能将幸福带给身边的每一个人。

韵味女人的美丽蕴含着深度风韵，而不仅仅流露于表象和姿态。她们有年轻的心，成熟的思想，她们在静中沉默，在动中活跃，她们是生活中最美丽的存在。正如达·芬奇笔下的《蒙娜丽莎》，她的眉眼中带着安详和典雅，让每一个看这幅画的人都被吸引。同时，静中的她们也是生机勃勃的，静如处子，动如脱兔。

韵味女人要顾虑生活中的点点滴滴，她们可以将事业做好，也可以将家庭照顾好，她们用来自内心的人生体验，演绎女人那完美的风韵神采，她们可以让生活更美好。

韵味女人都有着丰富的内心世界，她有涵养、有学识，她不仅是一幅雅致的画，更是一本耐人寻味、百读不厌的书。她用青春和生命坚守和营造温馨甜蜜的家庭，她的柔弱的肩膀勇敢地担起婚姻、家庭、责任的担子；她用日趋成熟的心态装点着自己日益成熟的容颜；她用淡泊的心态来读人生的风雨雷电，看万紫千红；她会用淡然的态度面对世事变化、人情冷暖；她用坚强的胸怀包容人间沧桑，大起大落；也许她会经历不幸，但她依然会微微一笑，从容面对生活，直到战胜苦难，迎接新的生活。

女人的美丽，不只是外表的漂亮，而是一种从内向外散发的韵味。韵味女人，她年轻依旧的心在都市流动的喧嚣中，悠然地保持着宁和静，淡泊中轻轻地驾驭着生活的脚步。有韵味的女人是最美的女人，若有这样的女人相伴，夫复何求！

　女性要在各种社交场合给人留下美好印象，必须避免出现下列举动：

（1）不要窃窃私语。耳语是被视为不信任在场人士所采取的防范措施，在公开场合与同伴耳语是很不礼貌的事。

（2）不要放声大笑。无论听到什么"惊天动地"的趣事，在社交宴会也要保持仪态，最多报以灿烂的笑容，切不可失声大笑，引人侧视。

（3）不要滔滔不绝。在宴会中若有人与你攀谈，要落落大方，简单回答对方的问题。不要向人诉说自己的出身背景，也不可向对方详加打探，这样很容易把人家吓跑，或被视作长舌妇。

（4）不要说人是非。在社交场合说人是非，飞短流长，必定会惹人反感，让人敬而远之。

（5）不要破坏气氛。参加社交宴会，别人期望见到的是一张可爱的笑脸，即使是情绪低落，表面上也要保持一些笑容，不要一脸忧愁，破坏气氛。

（6）不要木讷呆板。和陌生人相见，可以交谈几句无关紧要的话，切忌坐着闭口不语，一脸肃穆表情，让对方尴尬。

（7）不要在众目睽睽之下涂脂抹粉。如果需要补妆，必须到洗手间或附近的化妆间去。

（8）不要扭捏作态。如果感觉到有人在观察你——特别是男士，要表现得从容淡然，不要表现出惊喜过望的样子。假如对方是你认识的人，可以自然地打个招呼。如果你根本不认识他，不必忸怩不安，也无须怒视对方，可以巧妙地离开他的视线范围。

做有梦想的女人 ✿

　　梦想，就是人类对美好事物的憧憬，有梦想的人，生活更加充实。现实生活中，有梦想的年轻女性不在少数，她们都勇于追梦。女性到了二十几岁，就需要明确自己的梦想，然后为之奋斗。总之，一定要远离没有梦想的生活，让梦想为生活添色彩！有位哲人曾说："一个女人可以没有美好的生活，但万万不能没有美好的梦想。"

　　拥有梦想，走向成功

　　人人都说男人要有梦想，其实女人也不能没有梦想，没有梦想的女人，她的光芒很会就会消失。只有拥有梦想，才有可能成为"优质"女人。

　　在美国，有这样一位电台女主持人，在她的职业生涯中，曾遭遇过 18 次被辞退，一直以来，她都没有放弃要在电台工作的梦想。刚开始，她想要到美国大陆无线电台工作，当时，电台负责人觉得她是位女性，对听众没有吸引力，婉拒了她。

　　之后，她只身一人来到波多黎各，用了三年时间学习西班牙语。之后的几年时间，她不停地工作，也不停地被辞退。但她没有停止努力，也没有失去信心。

一次偶然的机会，她向一位广播公司的职员推销她自己的清谈节目策划，对方看后，同意试用她，但为她安排的工作却是主持政治节目。对于政治节目，她几乎一无所知，但她又不想放弃这次机会，于是她争分夺秒地恶补政治知识。

1982 年，她所主持的政治节目终于开播了。她待人亲切，又有主持技巧，许多听众都打进电话与她讨论国家的一些政治活动，包括总统大选，在美国电台，这样的状况几乎出现没有过。她快速成名，她所主持的节目也成了全美国最受欢迎的节目。

她就是莎莉·拉斐尔。如今的她在美国传媒界，就像是一座金矿，不管她到哪家电台，都会带来高额的效益。对此，莎莉·拉斐尔这样说："以前，我平均一年半被人辞退一次，有时候，我认为这辈子完了，但我始终没有忘记自己的梦想。我相信，上帝只掌握了我一半，我越努力，我手中所掌握的另一半就越强大。有一天，我终于赢了上帝。"

如果莎莉·拉斐尔在遇到挫折时放弃梦想，她不可能获得最后的成功。如果你仔细回想一下，便会发现，那些小时候跟你一起长大的朋友，你们所具备的条件都差不多，但长大后，大家的生活却大不一样，这是为什么呢？当你忙得不可开交时，不妨看一看身边的同事，虽然现在干着同样的工作，处在同样的部门，坐在同样的办公室，但十年之后，其中必定会有人过着与众不同的生活。其实，他们之所以能过上与众不同的生活，完全是因为他们为梦想打拼过。梦想，让人活得开心，也让人成功。

梦想能让人过上理想中的生活，心有多大，舞台就有多大，梦想是人日益进取的最大动力。对于每一个想要成功的人来说，先得有梦想，有了梦想，才知道自己该朝着哪个方向努力，才更能激起自己的信心，让自己充满力量。

女人因梦想而美丽

人生旅途中，最不可缺少的就是梦想。对于年轻女性来说，带着梦想，未来的生活才会更美好。

22岁的王莉因为家庭经济条件不好，只能休学，后来，她在一个百货商场找了份工作，做了一名销售员。她的工作很累，每天站十几个小时，不仅站到双脚浮肿，还经常遇到不尊重她的人，这让年轻的王莉心里很难过。

在商场，销售员的待遇是有差别的，商场的正式员工和厂家派来的职员的待遇也不同。而王莉只是临时的雇员，不管在哪里，都会受到不公平的待遇。更让王莉感到难过的是，一整天几乎见不到人的男主管，一到早会时间便开始念一些令人讨厌的内容："你们有人读过康拉德的《不能承受的生命之轻》吗？我想应该没有，你们真该多读点书。里面说……"

每看到他那副嘴脸，王莉总是想要对着这个轻视女职员的男人喊道："不是康拉德，是昆德拉，笨蛋！"但为了工作，她不能说出口，每次都忍住了，并且告诉自己：我绝对不应该是受这种待遇的人，我一定要改变现状。之后便开始在脑海中试着描绘自己的未来。王莉以前上学时学的是营销学，因而她想要成为一个市场营销的专家，也一直都有着从营销人员晋升到CEO的梦想。有了梦想，接下来是找实现梦想的方法。

没多久，王莉想要重返校园学习更多的知识，为了实现理想，她将自己辛辛苦苦积攒下来的钱交了学费。此后，无论王莉遇到了多大的挫折，她都没想过放弃，因为她的梦想支撑着她。经过一番努力的奋斗，王莉终于如愿以偿地在市场营销领域崭露头角，又过了几年，她就被一家大企业选中，成了商场事业部的经理，她的事业终于有了起色。后来在视察卖场时，王莉遇到了那个轻视女职员的男主管，面对公司总部派来的王莉，男主管只能怀着谨慎的态度接待她。

没有美丽的外貌不可怕，可怕的是失去做梦的勇气。女人可以困顿，也可以低微，但不要停止为梦想打拼。有了梦想，生活总有一份希望。女人有了梦想，便能够详细勾勒出自己实现梦想那一刻的画面，女人有了梦想，虽然单从表面上是看不出来的，但却有着一股让自己变得与众不同的力量，女人的梦想是她前进的动力，让她的脸上焕发光彩。

年轻的女性朋友们，要时刻记住：有了梦想，你的人生才会更加充实、丰富，你才会因此而变得更加自信、快乐。无论何时，都不要丢弃梦想。

居里夫人曾这样说："我们应该使生活成为一种梦想，而且让这种梦想成为现实。"梦想，能给予生活激情，让我们更清醒地面对这个世界。年轻的女孩，不妨为自己插上梦想的翅膀，因为有梦想的女人才是最美丽的。

第五章

做内心强大
的女人

温柔要有，但不是妥协，我们要在安静中，不慌不忙地坚强。

——林徽因

因为别人的眼光，你选择了放弃你的品位；因为恋人，你选择了放弃自己的追求；因为社会的压力，你屈服于成规……亲爱的，你的妥协是否真的值得？林徽因一生追求自己的建筑梦想，与梁思成走进婚礼的殿堂，有很大一部分原因就是因为两人有着共同的梦想，她看似一个柔弱的女子，却凡事有着自己的主张，肆意地绽放着，你可以讨厌她，但你无法阻止她的光亮，不能阻止她坚强地站在那里。

为了快乐工作

　　为了开心而工作，看似简单，但做到的人少。林徽因的一生为建筑奔波，她去过山林，寻找被人们遗忘的古建筑，为中国建筑研究留下了宝贵的资料，她为自己的理想而工作，因而不管工作有多累，她都是快乐的。

　　在生活中，有许多女孩不喜欢自己的工作，觉得工作无趣，因此总是抱怨。她们迫于生计才没放弃这份工作，或认为此工作完全不是自己所想象的那种情形。于是，她们在工作的过程中愁眉苦脸、长吁短叹，在无聊中等待下班，在碌碌无为中荒废光阴……然而，聪明的女孩并非如此，工作能带给她们快乐和成就感。

　　工作不仅只是工作，而是无形的爱，只有爱上了工作，它才能给你乐趣。美国石油大王洛克菲勒曾这样说过："如果你视工作为一种乐趣，人生就是天堂；如果你视工作为一种义务，人生就是地狱。"工作不应该成为人们的枷锁，而应该是乐园。若要从工作中获得快乐，就要把它当作生活中的一种乐趣，而不是将其视为一种单调、刻板的"苦差役"，正所谓"从事一项工作，不如喜欢这项工作；喜欢它，才能从中发现乐趣"。

　　晓芳是名护士，对她来说，虽然"护士"二字是一个崇高的称号，但她的工作确实是吃力不讨好的工作：为病人洗澡、整理床铺、照顾大小便等。这些都是她不喜欢的事。可是，在遇到冯老太太后，她的观点彻底转变了。

那一天上班，她带着自己的全套用具走进病房，照顾自己的另一个病人——冯老太太。她是一个又瘦又小的老太太，头白全都白了，全身的皮肤都起皱了。

"你来干什么呢？"冯老太太一见晓芳，莫名其妙地问道。

"我是来为你洗澡的。"晓芳不加犹豫地说道。

"我今天不想洗澡，请你离开吧。"冯老太太蛮不讲理地说道。

可是让晓芳吃惊的却是冯老太太的眼里却涌出一颗颗豆大的泪珠，顺着脸颊滴落在手背上。她没有理会这些，强行给她洗了澡。

第二天，晓芳又来到冯老太太的病房，冯老太太已经准备好了对策。她对晓芳说道："在你做任何事情之前，请先说一下'护士'的意义。"

晓芳结结巴巴地说："噢，这个很难下定义，它是指照顾一切病人……"

她的话没说完，冯老太太便立刻掀起床单，拿出一本字典，并喃喃地说道："果然如我所料，连该做些什么都不清楚。"她翻开字典上自己做过记号的那一页，轻声说道："护士是指看护、护理病人或老人；照顾、培养、滋养或珍爱。"念完这句她合上字典，对晓芳说道："护士，请你坐下，今天我教你什么叫作珍爱。"

接下来的几天时间，冯老太太向晓芳讲述了她自己的故事，她告诉晓芳关于她丈夫光照的故事："他是一个高大威猛的庄稼汉，曾来追求我，我原以为自己会嫁给一个比较斯文的男人，但最后我还是答应嫁给他。"

"在结婚周年的那天，我向他要一件爱的信物，这种信物是用金币蚀刻上心与花图案交织的两个名字简写，用精致的银链串起，在特别的日子里交赠。那一天终于到了，光照套好马车进城找我，我站在高处等他，我看着远方，希望可以早一点看见他。"

这时，冯老太太的眼里充满了泪水："他一直没有来，第二天，有人发现那辆马车，并带来噩耗，还有这个。"她小心翼翼地将它拿了出来，由于长期佩戴，它已经有些磨损，但一面由心形花案围绕，另一面简单地刻着："光照与爱玛，永恒的爱。"

晓芳说道："但它只是一个铜币呀，你不是说它是金的吗？"

冯老太太小心翼翼地把那件信物收好，她的泪水流了下来，说道："说来惭愧，倘若当晚他回来的话，我见到的可能仅仅只是铜币。但实际上我见到的却是爱。"她接着对晓芳说道："我希望你能听清楚，姑娘，你身为护士，你最大的不足之处就在这里。你要看的不是铜币，而是里面的爱。请记住，不要上铜币的当，而要寻找爱。"

当天晚上，冯老太太去世了。虽然与冯老太太相处的时间不长，但她却赋予晓芳最好的遗赠——帮助她珍爱自己的工作，做一名好护士。

在这个故事中，冯老太太帮助晓芳深刻地认识到为快乐而工作的秘密。工作不仅仅是为了生活，而是一种无形的爱。她会为之付出自己的热情、自己的创意、自己的专注、自己的精力、自己的时间，因为工作能带来快乐。

认识到工作的意义，就能发现其中的价值，就愿意为了工作而付出。

同一件工作，不同的人，会有不同的体验。为了了解同一工作者在心理方面所呈现出的个体差异，一位心理学家来到一所正在建筑中的大教堂，访问了三位在那里实习的女孩。

心理学家向第一个女孩问道："请问，你在做什么呢？"

第一个女孩看了她一眼，气呼呼地说道："我在做什么？你不会自己看吗？我正在用这把重得要命的铁锤，来敲击这些该死的石头，而这些石头很坚硬，我的手快累死了，这真不是女孩该做的工作。"

心理学家走到第二个女孩身边，向她问道："请问，你在做什么呢？"

第二个女孩叹了口气，无奈地说道："为了每天60美元的工资，如果不是为了养活自己，谁愿意干这种重活？"

心理学家又向第三个女孩问道："请问，你是在做什么呢？"

第三个女孩的脸上漾起了笑容，她开心地说道："我正在参与构建这座富丽堂皇的大教堂。建成之后，这里将会容纳许多前来做礼拜的人。虽然我的工作很累，但想到将有无数人站在这里，接受上帝的爱，我就感到非常开心，也为我的工作而骄傲，也就不会为之感到劳累了。"

同样的环境，同样的工作，这三个女孩的感受却有如此大的不同。很明显，第一个女孩对工作毫无热情，她可能很快会失去这份工作；第二个女孩只是为了工作而工作，她不能从工作中找到乐趣；第三个女孩是聪明的，在她身上难以捕捉到丝毫抱怨的影子，与之相反，她却有着高度的创造力与责任感，充分享受着工作所带来的快乐，而且，因为勤奋，工作也会为其带来足够的尊严与实现自我价值的满足感，从而真正体味到工作的乐趣。

工作不仅为我们带来物质保证，也可以给我们精神上的快乐。不论处于何种工作境遇下，以一种快乐的心境去工作，才能做出成就。

为自己而生活

林徽因曾经说过这样一段话："我们应当相信，每个人都是带着使命来到人间的。无论他多么的平凡渺小，多么的微不足道，总有一个角落会将他搁置，总有一个人需要他的存在。有些人在属于自己的狭小世界里，守着简单的安稳与幸福，不惊不扰地过一生。有些人在纷扰的世俗中，以华丽的姿态尽情地演绎一场场悲喜人生。"女人常常将自己放在男人的背后，有的愿意为家人付出一切，多少年来，有一句话一直在无形地约束着女人："一个成功的男人背后，必有一位伟大的女性。"为了家庭，为了丈夫的成功，许多女人选择了自我牺牲，选择了靠男人来实现其自身价值，靠着丈夫的光辉来照亮自己。可是，放弃自己的事业，为了他人而活，真的可以让自己快乐吗？

在生活中，有许多女人说自己不幸福，因为她们失去了自己创造生活的勇气。女人无论做了妻子也好，做了母亲也罢，都必须活出自己的价值，让自己主宰自己的生活。女人，应该活出自己的价值！

宋代才女李清照，在"女子无才便是德"的时代，凭着她骄人的才气和忧国忧民的情怀，成为宋词"婉约派"一代词宗，成为一段佳话；居里夫人，原子能时代的开创者之一，是世界上第一个两次诺贝尔奖获得者。她一生清贫，淡泊名利，辛劳致力于放射性元素镭的发现和研究。作为一位伟大的女性，她向全世界证明了女性的智慧和能力；鉴湖女侠秋瑾，为谋"光复汉族，大振国权"奋斗一生，事泄被捕，从容赴死。为了理想，秋瑾选择了当一个革命者，她死得壮哉，她为女性赢得了尊重，书写了一个女性最光辉的生命。她们都活出了自己的价值，同为女性，我们也可以让自己的生活充满光彩。

有一个16岁的女孩，师范毕业后，在某乡村当一名小学教师。破旧的教室，简陋的办公室兼卧室，就是她工作的环境。艰苦的条件没有让她打退堂鼓，她喜爱那些乡村的孩子，能将知识传授给他们，她感到骄傲又满足。她的热情和日渐成熟的教学技艺赢得了当地人的交口称赞，她多次获得市级荣誉。她说过："既然我选择了教师职业，我就有义务把教师这个工作做得精彩。"她说得真对！在当今这个多元化的社会中，无论是哪个行业的女性，都应该活出自己的价值。

一个女人，若想让生活变得精彩，一定要勇于选择和承担生命责任。女人相对于男人，可能没有强壮的体魄，面对失败，我们也曾抱怨说因为我们是女人。为人妻为人母，女性的肩膀，在扛起事业的同时，又要扛起家庭；女性获得的每一分成绩，都要付出比男人多一倍的辛苦。既然性别无法改变，那就要努力让自己变得更强。

女人要释放自己的能量，女人并不比男人差，也应该有自己的事业，有自己的理想，应该为社会发展做出贡献，实现自我的价值；现在这个时代，有多少男人能够养得起老婆和孩子，更何况养家的责任不只是男人的。很多事例证明，女人没有工作和她的丈夫有距离感，两人的话题会减少。所以，为了自己爱的男人不那么辛苦，为了自己在男人心中的地位，为了自力更生，女人一定要有一份自己的工作！

在当代，女性有更多实现自我价值的机会。不可否认，直到今天，社会上依然存在对女性能力和智力的偏见。为了证明女性在职业生活中不比男性差，为了证明你们有同等的能力，而不是低等人类，为了证明你们能把许多事情做得同他们一样好甚至更好，当代女性还要更加努力，将工作做得更好。作为女人你应该发挥出你的能力，并实现你的价值。

一个女人能够不受世俗的制约，勇敢去打拼，不向困难险阻低头，不向命运低头，在任性和认真之间，不管是守着边缘的位置，还是处于主流的位置，都能在漂泊和安定的生命中，去认识世界，感受生命，这本身就已经是一种精彩，而且是一种非常美丽的精彩。

心理学家研究认为，女子要想展现自己的价值，在事业上取得成功，就必须注意三件事：

一是要具备专业知识，相信自己有能力胜任；

二是要学会合理支配时间；

三是要学会控制自己，不能因为工作紧张而产生过重的心理压力。纽约的一位女经理向女性朋友们介绍了"十项秘诀"，这是她从自己的事业中总结的经验之谈。

（1）合理地安排工作，召开会议要有充分准备。发言时要使用通俗易懂的语言，简明扼要地进行叙述。说话要大胆，不要结巴，同时要注意不要让别人打断你的话；

（2）要培养幽默感，工作中与人接触时，尽量让自己变得幽默一些，这样有利于缓解紧张气氛；

（3）不要装作"万事通"，有不会的就要勇于请教。这样，有利于树立你的威信，使人感到和蔼可亲。因为谁都懂得，你并不是一个无懈可击的女人；

（4）不要过多地靠打手势来阐明你要表达的意思；

（5）对自己的下属不必装作都一样喜欢，要学会"对事不对人"。不要把精力分散到雇员们之间的关系或他们的家庭私事上去，而要把精力集中在本公司要完成的业务上；

（6）与男人接触时，要落落大方，要注意把握住分寸，不要给人造成卖弄风情和举止轻浮的印象；

（7）不要过多地谈论自己的私生活，以免造成误解。不要传播谣言，或是听信谣言，否则将影响公司内的人际关系，从而严重危害公司的业务；

（8）与下级保持适当的距离；虽然工作中可以有私交，但是一定不要影响到工作；特别要注意与男同事间，要保持一定的距离；

（9）对于你下级人员的工作，要努力做出客观评价；

（10）重视自己的仪容和仪表，衣着要适应场合的需要，工作中不应穿过分袒肩露胸的衣服，更无需模仿男性的装扮，要体现出自己的特点和风采。

人生总有终点，再精彩的故事也有结束的时候，如何在有限的人生中活得精彩？

也许，我们不必一生都精彩，只要在人生的每个阶段，都有每个阶段的精彩，这就够了。

虽然我们无法掌控生命的长短，但却能选择人生的价值。证严法师说："有生必有死，把握当下，造福社会，才能突显生命的价值与意义。"你的人生价值是什么？这答案每个人都需要自己回答，都需要自己来证明。

每个能活出生命价值的人，她们都有一个精彩的人生。她们在各自的专业领域中，默默奉献，各展风采，各显魅力。

女人要自强起来，女人可以撑起自己的一片天。要相信，女人可以有自己的成功，女人能活出自己的价值！每个女人都可以在自己的生命里，展现不同的美丽、不同的精彩。我们的生命不再隐藏在他人的背后，活出自己价值的同时，也活出自己的精彩。

睿智处世学会放弃

大多数时候，我们都在强调"坚持"的作用，但还有一种处世方法叫"放弃"。

一天，梁思成从外地回来，林徽因很沮丧地告诉他："我苦恼极了，因为我同时爱上了两个人，不知道怎么办才好。"梁思成听了以后非常震惊，不过，他仍然告诉林徽因："你是自由的，如果你选择了金岳霖，我祝你们永远幸福。"而林徽因，不仅没有离开他，反而感动万分地对梁思成说了一句能让世上所有男人都无法拒绝的话语："你给了我生命中不能承受之重，我将用我一生来偿还！"

这一件事情上两个人都为对方着想，而梁思成更为了对方而把自己给放下了，这就是放弃的魅力，就是因为这件事，林徽因与梁思成的感情更加深厚了。

放弃是一门哲学，懂得放弃的人，生活会更加轻松快乐。幸福不外乎珍惜所拥有的，放弃无法拥有的。放弃之后不生悔恨之心，这才是真正的"拿得起，放得下"。

人生很长，我们要面对很多的选择，选择一种，意味着放弃另一种。其实人生就是一个不断选择、不断放弃的过程。在放弃中，我们成长着。

生活不是简单的，相反它很复杂，当我们面对复杂的人生，不能仅仅掌握一套哲学，以为只要懂得了一个道理便可以畅通无阻。取与得只要心里坦然，而放弃不是懦弱，它需要更大的勇气。想要驾驭好生命之舟，我们面临的是一个永恒的主题，那就是学会放弃。人的生命薄如蝉翼，有人说过"命若悬丝"，我们无法预知，我们的命运会撞上哪一条轨道，为何不学会放下沉重的包袱呢？在沙漠上驮着金子走不动的旅人，为何不肯卸下金子，轻松寻找维持生命的水源呢？如果为了金子而渴死在沙漠里，这样既得不到金子，也失去了生命。所以，放弃不仅是一种明智之举还是一种收获，该放弃的时候放弃，反而可以收获更多。

学会放弃是自我调整的方法，给自己一次机会重新确定人生的目标。学会放弃并不是不再前进，是知难而退，寻找新的方向。它也不是一种圆滑的处世哲学，而是真正的智慧。有的东西在你想要得到而又得不到时，总认为得不到的东西才是最好的，一味地追求得不到的东西只会给自己带来伤害、痛苦和焦虑，适时地放弃是一种解脱，让自己珍惜当下拥有的。

在生活中，谁都可能面对需要放弃的时刻，学会放弃的人才能卸下人生的种种包袱，轻装上阵，充满希望地等待生活的转机，渡过难关，重新开始。古人云："塞翁失马，焉知非福。"放弃是一种量力而行的睿智和远见，是一种顾全大局的果敢和胆识。人生中，我们是自己的导演，只有学会选择和懂得放弃才能彻悟人生，才能拥有海阔天空的人生境界。

在需要的时候，选择放弃也是一种出路。古时候有这样一副对联，上联为"得失失得，何必患得患失"，下联是"舍得得舍，不妨不舍不得"。人生就是在"得"与"失"中不断循环的过程，一个不断得到，又不断放弃的过程。关键是要学会放弃，因为放弃，也是人生的一种选择。

人们都知道这么一句话："懂得如何选择的是智者。"其实，选择是智者对放弃的诠释，放弃则是对选择的跨越，选择了放弃就拥有了一份成熟。就如同放弃了一棵树，也许你就会得到整片森林！放弃了一滴水，你也许就拥有整个大海！况且有些事情放弃了并不等于失去，当你放弃了一些东西后，你会发现生活依旧美好，还有许多事情等着你去完成。

有这么一个故事，一个母亲正在厨房做饭，她听到儿子的哭声，就从厨房里走出来查看，发现儿子把手插进了一个古董花瓶里拔不出来。于是使出浑身解数，也无法将儿子的手拔出来。无奈之下，母亲只好打碎了这个价值不菲的花瓶。儿子的手完好地拿了出来，却紧紧地握成拳。于是她掰开儿子的小手，发现儿子手里握着一枚五分钱的硬币。原来儿子的手之所以无法从花瓶中拔出，是因为他为了抓住这枚五分钱的硬币而不愿松开自己的拳头。如果孩子能够放弃那五分钱的硬币，花瓶还会好好的。其实，在现实生活有很多人都经常犯和故事中那个小孩同样的错误。

现代的社会充满了竞争，我们总认为只有执着的追求和坚持不懈，才能走向成功，不明白有的坚持注定不能得到好的结果。认清现实，选择放弃，这才是真的勇敢。

人生就像一场戏，每一个人都是自己生命中唯一的导演，也是自己剧中的演员。想要彻悟人生，笑看人生，拥有海阔天空的人生境界，就要在"坚持"与"放弃"间保持清醒和淡然。

有时适当放弃会给自己创造新的机会。俗话说："鱼和熊掌不可兼得。"在人生在世，无须太过执着，放弃也要放弃得坦然，有所得就必然会有所失，只有学会了放弃，才会拥有一份安然祥和的心态，才会活得更加美好、轻松。

妈妈给快要大学毕业的孩子带来一个好消息，某知名跨国公司正在招聘计算机程序员，公司的待遇很好，而且这家公司很有发展潜力。如果能得到这份工作，对未来一定大有好处，孩子当然不想错过，可大学都快毕业了，如果真的给聘用了，上了几年的大学连张毕业证都拿不到，损失也很大。面对这个选择，孩子拿不定主意，就请教妈妈，妈妈笑了，说要和孩子做个游戏。她把刚买的两个大西瓜——放在孩子面前。让他先抱起一个，然后，要他再抱起另一个。孩子很吃惊，抱一个已经够沉的了，要抱起两个根本是不可能的。"那你怎么把第二个抱住呢？"妈妈追问。孩子苦思冥想，没有办法。妈妈叹了口气："哎，你不能把手上的那个放下来吗？"孩子似乎一下子明白过来，是呀，放下一个，不就能抱上另一个了吗！孩子这么做了。妈妈说："这两个总得放弃一个，才能获得另一个，就看你自己怎么选择了。"孩子终于知道该怎么做了，最后他选择了去就业，放弃了学业。后来，他得偿所愿，成了那家跨国公司的职员，后来通过不懈努力最终成为这家公司的总裁。

面对多种选择，没有放弃，就没有得到。放弃是获得的一种成本，经济学则称其为机会成本。在要做出某个选择的时候，也是要投入这一机会成本的，什么都不舍得放弃，根本没有得到的资本，如何梦想成真呢！放弃是一种胆识，是一种良好心态，也是一种豁达处事的智慧。我们需要有理想、有抱负，需要为实现理想不断追求和付出。否则，便会胸无大志，自甘平庸，无所建树。然而，过分的急功近利则是一种不健康的心态，历史和现实生活都告诉我们：必须学会放弃！

放弃是一种转机，是一种机遇，也是一种释然。释迦牟尼创立了佛学，但他放弃了王位；鲁迅成了一代文豪，但他放弃了医学。

放弃是人生的一种智慧和升华，要在人生旅程上时刻保持一颗简单平和的心，就应该学会放弃，放弃失落带来的痛楚，放弃因为失恋而产生的痛苦和消极情绪，放弃屈辱留下的仇恨，放弃耗费精力的争吵，放弃无法解释清楚的误会，放弃对权力的渴望，放弃对名利的执着，放弃烦恼，摆脱纠缠。

学会了放弃，就学会选择适合自己的生活。花花世界，需要放弃的东西有很多，没有任何一个人可以想要什么就得到什么，没有人可以拥有整个世界，对于我们不能拥有的，就要勇敢地放弃，在追求之中放弃，放弃之中追求，生活才会进步。

学会放弃身心才会健康

一味地执着真的可以让人更开心吗？真的对人生有益吗？心理学家研究发现，懂得放弃的人比执着的人身心更健康，而那些不达目的誓不罢休的人一般都处于亚健康状态。

心理学家一直都在研究"坚韧不拔与身心健康之间到底有什么关系"这个问题。不可否认，保持坚韧的精神能够增加成功的概率。可是，如果不能实现目标该如何是好？就像一个资质平平的赛跑选手梦想成为奥运冠军，他应该坚持不懈地努力下去吗？放弃难以实现的目标，是不是更好的选择呢？

　　为了研究这个问题，美国心理学家格雷戈里·米勒和卡斯顿·若什发明了一套心理仪器，用以研究"顽强的人"和"轻言放弃的人"的差别。在他们的实验中，心理学家详细地研究了这两种性格的表现，同时判断他们的健康状况和适应性。最后的结果显示，那些"顽强的人"因为执着追求遥不可及的目标，承受的压力很大，其中一些人已经出现了情绪低落、自闭、悲观和筋疲力尽的症状。而那些"轻言放弃的人"他们的身心反而比较健康，他们神态自然、有活力。从这个实验中可以得出这样的结论，适时的放弃也就是选择了健康，健康的女人才是最美的，女人，为了你的美丽，也为了你的健康，更为了让生活快乐，学会放弃吧！不要为放弃而后悔，想想你得到的，坦然面对生活的起起伏伏。

以公主的姿态生活

　　林徽因是一位喜欢热闹、喜欢被人称羡的人，是的，这一点是能够从林徽因在文学沙龙上的那些高谈阔论中看到。晚年的费正清回忆林徽因的时候就这样说过："她是一位有着创造才华的作家和诗人，她还是一位颇有审美能力与广博智力活动兴趣的女人，还有一点就是在她交际的时候还总是会洋溢出迷人的魅力。无论是在家，或者是有她在的任何场合，几乎所有在场的人都会围绕着她转。"

一位聪明、自信、气质高雅的女性，一举一动中都可以看到她那特别的魅力所在，她的态度、姿势、动作以及说话的声音还有语速，这些都可以体现出自身的修养。通常如此的女人具有非常强烈的亲和力，这样就会有更多的人愿意跟这样的人交往。跟具有魅力的女人交往，在不经意间就会提高自我修养。人们总会对优雅的人产生好感，相反地，语言不雅、姿势不佳的女人就算是有着很丰富的内涵，也总是会给人留下并不美好的印象，就会很难让人产生良好的印象。

女人要善待自己

女人一定要懂得善待自己，让自己像个公主一样地生活，当然，这并不是说一定要出身豪门或者处于显赫的地位，而是心态上的高贵。但凡是女人，都愿意让自己漂亮一些，让别人看了喜欢。然而，爱情并不是女人生命中的唯一，在这个世界上，女人不应该因为一时的失恋，就把自己给放弃了，也不要轻易地放弃爱情。

萌萌的世界里开始下雨了，因为她又与她的男友吵架了，他们吵架之后，她都要狠狠地哭上一场，之后男友就捧着大束的玫瑰花前来认错。但是这次……四月的天气，一切都是万物复苏的感觉，但这样的雨天，潮湿又阴冷，使人没有兴致去做任何的决定。萌萌的心也随着这样的天气慢慢地落下了，她有种不祥的预感。

果不其然，这一次等来的却是男友发来的分手信息。萌萌之后就问他为什么要分手，男友说，如今，这段感情已经被现实磨掉了激情，恋爱所付出的代价让他觉得厌倦了。听了这样的话萌萌的心一下子就凉了，自己的爱情最后居然是这样结束的。

天空一直下着雨，萌萌蜷缩在屋子里，对着自己的电脑屏幕。偶尔把视线放在窗外灰蒙蒙的天和那条曾经走过的小路。在视线里总会有几把伞出现，就那样移动着在路上。隐约看去，伞下就像是一对情侣，或是两个嬉笑的女孩，或者是遮挡着的一个孤单的身影。萌萌就这样倦怠地看着那里来来往往的雨伞，想象着在伞下面的每一个人。

丫丫是萌萌的好朋友，她知道这个时候萌萌是不希望被人打扰的，因此就义愤填膺地找到那个男孩把他大骂了一通，这样做与其说是为萌萌出气，倒不如说是自己想发泄一番。然后，丫丫马上准备了一张旅游路程表，向萌萌微笑着说道："出去散散心吧。"萌萌看了看，的确是该给自己放个假了。为了呵护这份爱情，萌萌真的已经很长时间都没有给自己放假了，要不是朋友的好心提醒，甚至自己都已经忘记自己是个女人了。萌萌一心为自己的男友着想，照顾着他的日常生活，就像一个免费雇来的保姆一样……如今，既然已经失恋了，那就好好给自己放个假，好好对待自己吧！

女孩真的应该好好地爱自己，就算是失恋了也尽量以公主的姿态去面对自己的生活，女孩的爱情一定要非常高贵。并不是要"低"得卑微到尘土里，而是精神的升华，"高"一些吧，甚至可以傲视天下。爱一个人，并不需要像张爱玲那样"低到尘埃里开出花来"，女人千万不要在爱情面前低微得迷失了自我，丧失了自己的本性。那样的"低"，不会给女人带来幸福。都说情人眼里出西施，女人应该被宠得就像公主一样，被宠爱得"高"到天上去，可以适当地撒娇弄痴、任性刁蛮，无端生出情趣万种，这才是女人的爱情。

做高贵的女人

女人应该学会高贵，因为只有高贵，才可以让男人心生爱意。然而这里说的高贵并非一定要出身豪门或者自己处于显赫的地位，而是心态上的高贵。男人对放荡轻浮、心态猥琐的女人是最反感的。在生活当中男人可以是女人的护花使者，然而女人要做的就是给男人提供一种信心——这种信心就是让男人放心，并且很乐意向你托付爱。因此，女人要做到的就是不盲从、不媚俗、不虚华，只有这样才会有人真正地欣赏你，才会让男人心甘情愿地为爱而付出。

雅姿是一个对生活十分热爱，追求完美的女人，在她的生活中，没有出现过自卑、难过还有压抑等这样负面的心理，因为她总能适时地调整自己，无论遇到什么样的事情都可以坦然地面对。

雅姿的生活是高雅且富含情调的，她在勤奋努力地工作，同时又懂得忙中偷闲给自己泡上一杯香茶慢慢地品啜香茗，听听音乐，好让自己有一个喘息的机会。雅姿认为，女人应该有丰富的内心世界和精神空间，然后经过不断淘洗，把生活中的繁杂情绪全都扔掉。女人不要让自己太忙，同时也不能太清闲了，起码让要保持自己的生活水平在中等或是偏上，可以的话要有琴棋书画为底蕴，要拥有一份凭靠自己的智识谋生的职业。靠男人寄生的女人是不会自信的，整天都要看男人的脸色行事，当然也就不会找到爽适优雅的感觉了。

虽然雅姿有了自己的工作，却不会让自己仅是因为工作就加班加点，她知道，女人最重要的就是要保证自己足够美丽，如果因为熬夜而损失了美丽，岂不是得不偿失。所以，她总会适当地为自己创造一些自在闲暇的生活，这样可以随时调整自己的感觉，又可以保证自己美丽的容颜不至于快速老化。就是因为这些，雅姿的生活才更加的幸福。

自信的女人总会显得高贵，而且还可以把脸上老化的皱纹都遮掩住，会让你看上去更高雅。在这个充满了竞争的快节奏的时代里，那种自怨自艾、柔弱无助的女人可以说已经日渐失去了市场。男人已经不再是女人的主宰，女人也早已不是男人的附庸。"男人追求的极致是成功，女人追求的极致是幸福"这样的名言也日渐黯淡。女人要尽快学会完善自我，不要总把希望寄托在男人身上，因为渴盼男人赐予你幸福，那将是一件永远都很被动而不安全的事情。

女人需要的是更多地为自己着想，如今女人不再只想要素面朝天的面孔了，就像衣服一样，人需要从得体美丽的衣着上看人的内在，如今没有哪个男人不喜欢化妆的女人，因为即使你真的天生丽质，也禁不起岁月风霜的摧残。因此，请找回女人该有的那种高雅

——林徽因的女人哲学

姿态，那样的女人才能得到真正属于自己的幸福。

女人应该有公主一样高雅的姿态，并不是说衣物要多么高贵、珠光宝气，食物也不必要什么山珍与海味，而是说女人应该在灵魂上达到一种高贵，心性像荷花一样清幽，对事对人，不要轻易地屈尊，不要放弃自己的良知和正义的原则，不要因为怕孤独就随大流，同流合污。只要真正懂得上面所说的灵魂的高度你的气质就会出类拔萃了。在面对爱情时，女人千万不要凑合，更不要完全依靠任何人，女人应该有自己独立生活的高雅姿态，这样的生活才是自己想要的生活。

自信的女人最美丽

萧乾先生在绝笔《才女林徽因》中有这样的记载："听说徽因得了很严重的肺病，还经常得卧床休息。可她哪像个病人，穿了一身骑马装……她说起话来，别人几乎插不上嘴。徽因的健谈绝不是结了婚的妇人的那种闲言碎语，而常是有学识，有见地，犀利敏捷的批评……她从不拐弯抹角，模棱两可。这种纯学术的批评，也从来没有人记仇。我常常折服于徽因过人的艺术悟性。"

大家都会思考究竟什么样的人才是最美丽的？其实并不是拥有了天生的美貌和娇好的身材就是最美的女人，以上所有的因素或许都是一个女人得以被称为"美丽"的资本，但是那些如果缺少了"自信"作舟，这样就会使自己黯然失色，因此，众人说："自信的女人最美丽！"

连自己都不相信，怎会美丽

实际上，在很多的情况下，美丽是与相貌没有任何的关系的。很多时候我们认为最有魅力的美女都不是长相最美的人，而是那些最自信的人。因为她们的自信，就会使她们变得神采飞扬；因为有了飞扬的神采，所以才会更加专注；因为有了专注，所以才会足够的优秀，这样一来，不想美丽都难了。然而，有的女孩并没有明白这个道理，就算自己特别的美丽，可是却总是不自信地将头低了下来。

"张秋，别难过，其实你很棒。"朋友这样安慰着。"可是，我又一次竟选失败了。"张秋难过地说。"那你知道是为什么吗？"朋友笑着问。"不知道，或许我的实力真的不如她（成功者）吧！"张秋低下头叹着气。"其实，你的实力比她强，只是你没有她自信罢了。"朋友给张秋打气。可是张秋却还是不相信。"我给你讲个故事吧。"朋友认真地开解着。

曾经有一个在贫穷家庭出生的女孩，她的眼睛很大且非常的有神，睫毛像洋娃娃，特别的漂亮。可是，她却总是感觉自己非常的丑。于是，她就不上街，就算万不得已上街，她也经常低着头，走在墙角里。于是，在大街上根本就没有一个人去注视过她。这样，她就会更加确定自己的长相十分的丑陋，每天都默默而痛苦地生活着。然而一天，她的母亲给了她一些钱让她去买生日礼物。于是这个女孩就拿上钱，心中满是忐忑，依然还是深低着头，沿着墙角走路，偶尔将视线放在前方的路上。突然，一个饰品店的售货员看到了她，于是就开始称赞她并为她挑选了一朵漂亮的花戴在了她的头上。她显得特别的惊慌，一直在躲避着。但是，她对着镜子看到了一个非常美丽的少女，"难道这真的是我吗？"她不敢相信自己的眼睛。可是看到售货员赞许的目光，她就确信了。

之后，她就惊喜地把钱付了，转身冲出了饰品店，甚至连与门前的老者相撞也没有影响到她的情绪。她非常开心地笑了，于是十分自信地走到大街的中央。所有的人都向她投来了赞许的目光，这时她高兴极了，心里非常的开心。她又转身返回，想要再买一朵美丽的头花。而当她回到饰品店时，发生了一件令她吃惊的事情。"你知道是什么吗？"朋友停下来，向张秋询问。"什么啊？难道她又看到她变丑了吗？"张秋难过地问着。"什么啊，自信一点，再猜。"朋友鼓励张秋积极地想一想。"难道是因为她本来就……"张秋犹豫着不敢说出自己的想法。"是的，相信自己。说出来。"朋友还在继续鼓励着。"她在与老者相撞的时候头上的头花就已经被撞掉了？她自身就是非常美丽的女孩。"

实际上，美丽是属于每一个人的，只是自己不自信而已。女孩是美丽的，可是她却认为是头饰使自己变美丽了；张秋是有实力的，却没有自信。如今在生活中不少女孩都不敢相信自己是美丽的，因此，聪明的女孩，你应该勇敢地把你的头抬起来，自信地在大街的中央转一转走一走，开心地迎接他人赞许的目光，而非妄自菲薄，辜负了自己本应该很美的人生。

只要自信些，你就是最美丽的

如今有不少人，本身长得就非常美丽，却由于自己的不自信而逐渐让自己的美丽被平庸覆盖掉了；有些人并没有美丽的外表，而就是因为自信，因此就会变得异常的夺目。这种变化是特别微妙的，并且是非常有效的。只要你勇于尝试，勇敢地相信，自信一点你就是最美丽的。

李灵，是一个有才华，长相却不够迷人的女孩。对此，她自己也是非常明了的。于是，她就开始极力地掩饰自己长相方面的不足。把刘海留得长长的，以至于把自己的脸颊遮住；买衣服也总是会选择一些暗色系的，总是害怕被他人注意。可是，越掩饰就会越不自然，于是也就显得不再美丽了。甚至是自己的才华都会令人感到是在做作。对此，李灵感到特别的痛苦，可是他的男友却不这样认为。"你应该自信点，你的眼睛真的是非常的有神啊，水灵灵的。"男友这样深情地对她说道。可是，李灵却总是认为这不是男友的肺腑之言。她更加自卑了。就这样几天以后，李灵就痛苦地主动与男友提出了分手："你不要再劝慰我了，我知道我长什么样子……我配不上你。"

最后，终究男友还是没能拗过李灵，于是就这样分手了。但是，他并没有真的放弃她，相反他想要打造她的美丽。分手的第二天，男友就将一个女孩带到了李灵的面前，于是挑衅说："你的确不美丽，看我的新女友，比你漂亮多了吧？而且她还敢将刘海梳得醒目，让人看到她的大眼睛。"虽然李灵不自信，但还是不想就这样认输，更何况男朋友这么绝情地贬低自己。之后，倔强的李灵第二天就赌气剪了新发型，把自己的眼睛露了出来。虽然她心中还是自卑的，但为了不让自己昔日的爱人嘲笑自己，她就故作坚强。谁料，男友却还是没有放过她，接着来挑衅："哎呀，别再折腾了。其实，你知道你是比不上我女朋友的。不然也不会穿那么黯淡的衣服避人耳目。"李灵听了之后就去买了漂亮的衣服。渐渐地，李灵的美丽就这样日渐凸显。大家纷纷称道，这时男友也重新回头追求她了，李灵的人生就这样发生了翻天覆地的改变。

上天终究还是公平的，给你美丽的相貌，就很有可能会不给你卓越的才华，从某种意义上而言，每个人都不是非常美丽的。因此聪明的女孩们，请不要过多地考虑自己的长相，不要再妄自菲薄，你只需要相信自己，并努力培养自己的自信心。

人们总是说一个女人是不是美丽的，主要标准就是"三分的美丽"加上"七分的自信"，然而如果没有了后者，就算前面的因素得到了很高的分数也不可能是美丽的。女孩皆是风华卓越，可是为什么有的女孩会显得神采奕奕，而有些女孩则有些灰头土脸呢？在这其中都有"自信"发挥的作用。自信的女孩，能够将眼神看到他人的心里面去，可以将自己的笑容映进你的心里，留给人余音绕梁的美感。因此，聪明的女孩应该懂得"自信才能美丽"的道理，要始终保持自信。

用心做女人 用力做事情 _____

　　王朝更迭，江山易主，世事山河都会变迁，其实我们无须不辞辛劳去追寻什么永远。活在当下，做每一件自己想做的事，去每一座和自己有缘的城市，看每一道动人心肠的风景，珍惜每一个擦肩的路人。纵算经历颠沛，尝尽苦楚，也无怨悔。

——林徽因

　　每一个聪明的女孩在工作当中，都不会忌讳自己而今做的是怎样的一些小事情，与之相反，她们会非常乐意去做这些小事，毕竟在心灵的深处，她们会知道成功就是从一件件小事开始的。

工作无小事

　　每一个聪慧的女孩都应该具有鸿鹄之志，因为这样才会飞得更高更远，可是，在一飞冲天以前，一定要默默地练就飞翔的本领，好让自己奠定一个比较坚实的根基。然而只有历经了一天又一天平凡日子的积累，这样才可以飞得更加稳健，并且还可以在遇到了紧急状况之后，可以将事态转危为安。想要赢得成功，需要的不仅仅是努力，还需要等待，等待"数载寒窗无人问"以后的"一朝成名天下知"，等待"三年不响"之后的"一鸣惊人"。

吴燕是洗化公司的一名普通的销售人员，每在出差住旅馆时，她总会在自己签名的下方标上"每瓶20元的标准乳液"这样的字样，不仅这样，而且在书信和收据上也毫不例外。每次签名之后，就会不假思索地写上那几个字。这件事，使得她被周围的同事称为"每瓶20元"，而她的真名早就没有人称呼了。

知道了这一情况之后，公司的总经理激动地说道："竟有如此宣扬公司声誉的职员，我一定要见见她。"于是总经理就邀请吴燕与自己一同共进晚餐。之后，总经理卸任，吴燕成为第二任总经理。就这样，曾经嘲笑她的同事，其中不乏有才华之士，能力在她之上的人士，都没有坐上总经理那个宝座，而她就这样一揽大权，执掌了整个公司。

在签名的时候署上"每瓶20元的标准乳液"，这看似是件非常普通的小事，但吴燕却可以将这件小事做到极致，还因此一跃成为公司的总经理。这就是因为她坚持地做着工作范围之外的一些有利于公司运营的小事，于是就赢得了他人所不能拥有的殊荣；也就是因为她在小事当中不断地成长，所以才为她成就大事奠定了相当坚实的基础。

海尔集团的总裁张瑞敏曾说："什么是不简单？把每一件简单的事做好就是不简单；什么是不平凡？把每一件平凡的事做好就是不平凡。"所以，工作当中没有什么小事，每一件小事都很值得大家认真地去做，对于聪明的女孩来说，就算是一件微不足道的小事，她们也不会将其轻视或是懈怠地敷衍了事，而是付出自己全部的热情与努力，尽力把它做好。

在平凡中成就非凡的事业

有一句古语说得好："不积跬步，无以至千里；不积小流，无以成江海。"在这个社会中，可以说绝大部分人的工作都是极其平凡的，除了一些特殊的人可以从事特定的工作之外，对于女孩来说，同样是这样的。虽然只是十分平凡的工作，但只要尽心尽力地去做，还是可以做出不平凡的业绩的。

小可 18 岁那年，进入某个外贸服装公司工作。刚开始的时候，她只是公司里的一名小杂工。杂工并不属于公司的正式工人，工作场合也并不是固定的，哪里有零活，她就需要到哪里去……即便是这样，小可却一直都没有抱怨过什么，她一直安慰自己：既然自己想在服装制造这一行业做出些成绩，就一定要对服装的制造过程有全面的认识和了解。

也就是因为杂工这项职务，小可才会有更多的机会与公司的各个部门进行接触，进而对各部门的工作性质都有所了解。在这个职位上工作了一年以后，她就申请到制造部去工作，在较短的时间里面，她就学会了裁缝、制衣。之后，她又申请到质检部那里工作……如此一来，在不到三年的时间里面，她几乎把这个公司的各个部门的工作都做了一个遍了，最后她又决定申请到装配部工作。

小可的妈妈对女儿这样的举动一直都不能理解，于是一天，她不经意地向小可问道："你已经工作三年了，一直都在做些剪布、烫染等这样的小事，不怕耽误自己的前途吗？"

"妈妈，你不明白。"小可微笑着对妈妈说，"我并不急于当某个部门的领导，而以能够胜任领导整个公司为工作目标，所以我必须花点时间了解制衣的整个流程。现在，我正在把自己的时间做最大价值地利用，我要学习的，不只是一条裤子怎样做成，而是所有的衣服是如何做成的。"

当小可认为自己已经完全具有管理者的素质的时候，就决定在装配部崭露头角。因为她在其他各个部门都干过，不仅懂得各种衣服的制造情形，还可以分辨出衣服的优劣，这显然就为她的装配工作带来了便利。于是不久之后，她就成为装配部里面最出色的人物，并在很短的时间里被晋升为部门领导。

作为一名小杂工，小可却能够从中获得对各部门工作环境与工作性质的认识，这就为她最终实现自己的职业目标奠定了很好的基础；即使装配衣服属于小事的范畴，可是小可却能把装配衣服的手艺运筹帷幄，当她被晋升为管理者的时候，她将会比其他从来都没有接触过装配衣服的人更懂得怎样才能更有效地管理装配部门的工作；即使小可刚开始的时候只是一名非常普通的工人，但她的经验、她的见解，已经远远地超越了普通工人……换句话来说，她已经具备了各个部门的领导与工人的能力和素质，而她在小事中所获得成长是非常巨大的。

要想成功需要的不仅仅是耐力，还有做好每一件小事的心态；这不仅是一个痛苦的过程，还是点点滴滴小事累积的过程。可是在日常生活当中，有很多女孩都有这样的毛病：大事干不了，小事不愿干。她们羡慕名人头上的桂冠，可是又不了解他们为之付出的辛勤汗水；她们还想能够一举成名，可是却不愿把自己的本职工作做得"有声有色"；总是会幻想着从天而降的馅饼，却并不想学习怎样才能得到那块"馅饼"……

其实，大至公司，小至个人，能够成功地发展，都是源自于每一件平凡的小事的积累。对于聪慧的女孩来说，她们总会把平凡的工作做得非常的出色，进而让自己的人生之路越走越广；她们总能非常细心地对待自己工作中的每一件小事，进而使自己成功的机遇接踵而至。

在内心的深处，一个聪明的女孩应该要懂得：人生的辉煌与成就，就是从一件件小事开始的。想要成为一个大名鼎鼎的作家，就需努力完成自己的每一篇文章；若要成为一个声茂俱全的乐师，就要努力地学好每一个音阶……

所以聪慧的女人会从最小的事情开始，逐渐锻炼自己的意志，增长自己的才智，以赢得他人的信任，最终你会发现自己已经获得了自己想要的。

第六章

世事艰险
初心不变

我们可以失望，但不能盲目。

——林徽因

　　保持自我，一个人最可贵的就是，看遍世事沧桑还能够以最初的心态看待世界，这样的女人更加魅力无穷，林徽因恰巧就是这样的女人，她被生活折磨过，也抱怨过这个世界，但是她却一直保持着一颗单纯的心，清澈而美丽。

有自己的主张

　　"终于明白，有些路，只能一个人走。那些邀约好同行的人，一起相伴雨季，走过年华，但有一天终究会在某个渡口离散。红尘陌路，独自行走，绿萝拂过衣襟，青云打湿诺言。山和水可以两两相忘，日与月可以毫无瓜葛。那时候，只一个人的浮世清欢，一个人的细水长流。"这段话道出了林徽因对于"一个人"的理解。是的，不管是做一个女人或者是一个男人，真正地做到有自己的主张，并且有使命感，那也是件非常重要的事情。随众而无主见的人非常的可悲，不会有什么作为。不学会独立而整天都希望依靠别人的人，终将一事无成。

　　如今的社会，我们应独立自主，寻求一条适合自己个性的道路。

　　现在社会已经给予女性平等受教育的机会，地位也逐渐地高了，可是同时对女性的要求也更多了，像男人一样，爱情和婚姻应是人生中生活上的一部分，而并不是全部，要是缺乏财务自主地能力，那享受生活与爱情就只是空谈，婚姻就会成为一种交易。只有独立自主，我们的生活才有活力、自信和自由。

　　独立的意识并不区别于从事的行业，就比如在一些西方国家家庭主妇同样是一个不可缺少和受人尊敬的职业，是可以活得非常有价值又可以是多姿多彩的，她们本身就是家庭和理财的专家，把每个月的家用都做好计划，还要研究怎样才能够精明地消费。其中学问是非常大的，需要给孩子安排大学教育基金计划，需要自己去计划保险、养老金储蓄以及家庭的投资等。经过不断地学习研究，她们就自然而然地成了这方面的专家。

此外，不可忽略的，就是她们保持着自己的精神面貌，在生活中总是会接触一些不同的人，日常繁忙程度可以说也不亚于在外赚钱的男性。拥有了理财这个必备的技能之后，女人就算是婚姻不幸失败了，毕竟人的生活范围是非常广的，只要有了经济能力，就可以轻松地应对，之后找一个适合自己的方式继续生活。

可以说工作可以带给人们动力，可以使女性在工作当中找到自信，生活得更加精彩、充实，女性在工作的时候是最有魅力的。

如今，没有人会不顾及事业了，事业有为时爱情的种子就会跟着发芽开花。家永远都是你的避风港，抛开工作的不快，心情也就会舒畅。

如果女人只是依赖男人，最后受伤的总会是自己，同时也会完全地丢掉自我。

女人也要重视自己的工作，没什么可以完全靠得住，爱情只有自己拥有了属于自己的稳固事业才会有所保证。

女人的工作还是爱情的保证，我们能确定通过努力就可以保得住自己的工作，可是在爱情方面有的时候却是无法确定和保证的，所以女人还是应该把工作放在首位。

大家都知道这样的道理："经济基础决定上层建筑"，女人有了一定的经济能力才可以自立，才可以潇洒地来潇洒地走。

无论一个女人的丈夫多么的有钱有权，你都一定要拥有一份自己的工作，不管工资多少，那是你独立的标志，是你与社会的联系。如今女性与男人同样寒窗苦读，一样在社会上拼搏，不是为了嫁人，而是为了实现自己的价值。

　　工作可以说就是维持生活与爱情的最基本的生存条件，要是一个人没有工作，或者不会工作，那么她的生活将是怎样的呢？不敢想象她将怎么样去生活，去被人爱。工作是个人的，自己付出了就一定有回报。可是感情呢，付出了不一定有回报，可能还受到更多伤害。

　　现代女人，不可以没有自己独立的工作和主张。当然如果结婚以后，为了家庭，有一位有责任心的老公，可选择放弃工作，但不能放弃自我也不能放弃自己的主张。

　　因此，女人还是需要一份属于自己的工作。

永不放弃自己

　　林徽因既耐得住学术的清冷和寂寞，又受得了生活的艰辛和贫困。沙龙上作为中心人物被爱慕者如众星捧月般包围的是她，穷乡僻壤、荒寺古庙中不顾重病、不惮艰辛与梁思成考察古建筑的也是她；早年以名门出身经历繁华，被众人称羡的是她，战争期间繁华落尽困居李庄，亲自提了瓶子上街头打油买醋的还是她；青年时旅英留美、深得东西方艺术真谛，英文好得令费慰梅赞叹的是她，中年时一贫如洗、疾病缠身仍执意要留在祖国的又是她。这样的林徽因，在朋友间引起的，又是另外一种评说，李健吾抗战期间闻听林徽因虽罹患重病而不离开祖国时，激动地说："她是林长民的女公子，梁启超的儿媳。其后，美国聘请他们夫妇去讲学，他们拒绝了，理由是应该留在祖国吃苦。"

屋漏偏逢连夜雨，只要是遇到了什么倒霉事，总是会祸不单行的。要是想要追根究底的话，就是说如果你倒霉了于是发生了第一件不幸运的事情，导致其他事情也没有处理好，然后再引发出其他的意外。于是你的整个状态就开始变得不好了，就会把很平常的问题也看成非常倒霉的事情。总的来说，这种雪上加霜的状况，经常会让我们失去重新站起来的勇气。这时最大的问题就是，我们甚至已经没有打起精神、努力站起来的想法了。不想做事，也不想休息，更不想出去玩，连呼吸都不想。"过一段时间就会好的"，如果还有这样的想法，又放任不管的话，疗伤的时间就会更长。如果意志继续消沉下去，那么你就毁了，很有可能从此堕落。困难并不是时间长了就会自动离开的，你一定要有自我解救的意识，否则苦难就像台风过境一样，给你留下很大的伤口。

心情沉到谷底以后，应该开始忘记痛苦，一定要积极地进行自我安慰。你会觉得在一团混乱中什么都不想做，就不会有心情去安慰自己了。其实不然，请把你的眼睛闭上吧然后认真地想一想，能让你心情愉快的事情其实还是非常多的，这是你比其他任何人都清楚的方法。买一杯香浓的咖啡，找一部喜欢的电影，或者去挑选物美价廉的饰品等，这些细节虽然看上去非常的平常，可是它的确让人的心情愉快很多。所以一件事，就算刚开始是不情愿的，可只要你懂得坚持执行，心情就会有所好转的。

不要放弃自己，要会自我安慰，找到正确的舒缓方式。可以找朋友倾诉。一提到让朋友安慰，也许你就会想到坐在一起借酒浇愁的场景，然而，有经验的人通常知道，想要走出困境，与喝酒并没有任何的关系。比起这种不管用的烂方法，还是和朋友们一起开开心心地外出游玩更有效。一定要打电话给那种在一起就能让你开心的朋友。相反，在向别人伸手等待安慰的时候，说不定会适得其反倍受冷落，导致心情更糟；然而就算是再好的朋友，有的时候也不能设身处地为你考虑，主动关心你。要是你还没有失去热情，那么相信你可以通过自己积极的自我安慰，重新获得生气。用心安慰自己，永远让自己记得，这个世界是美好的。懂得安慰自己的人，才是能够控制世界的人。

无法用理论克服，也不要尝试让别人也接受你的那些想法，不要试图为了接受积极的想法而利用任何理论。积极的想法从出发点开始，就不好用理论去证明它的优越性。积极的思想是为了实现还没有发生的事情而存在的，而大多数消极的想法都是源于已经发生了的事情。就如，在你希望自己能够成为一位非常成功的设计师时，积极的方面来说，也就是"只要有热情，就一定可以成功"这样类似的预想。而消极的甚至可以得到三段式的证明。"在这个行业里，连那些得过很多奖项的设计师都有可能被淘汰，而我没有得奖的经验，因此，我当然不能成功。"这也是你放弃成功的一个原因。

有数据显示，在这个世界上失败的往往比成功多，因为多次的失败才可以换来一次成功。然而，在人们的眼中那些能够看得见、摸得着的东西，才是值得相信的，所以，对人们而言，失败比成功还要具备说服力。二十几岁的人都会觉得，成功的人都有深刻而复杂的价值观。事实上，上了岁数的"老油条"，他们共同的特点就是"愈来愈单纯"。如果想说服某个以缜密的理论武装自己，而且心态又非常绝望的人，那么就需要记住这样一个课题："有积极想法的人不一定都能成功，但是，成功的人一定是有积极世界观的人。"

在字典里"幼稚"有着"想法和行为不成熟"这样的意思。与字典里的意思一样，要是将一个大人的语言或是行为评价为"幼稚"，那的确是一件特别失礼的事情。站在被评价人的立场上来看，这无异于是在骂自己。但是总会有人习惯性地用这个词。他们不论看什么事情，要是自己有一点不满意的地方，总是轻易地评价为"幼稚"。但是，这些喜欢说别人幼稚的人，大多没有成熟的人格。

这就是因为越是成熟年长的人，就越会注意不去使用那些贬低别人的词句。而那些喜欢说别人幼稚的人，还非常喜欢用幼稚来评价积极的人。要是希望有更好的人生，就理会这些人的评论和指责，成为一个"幼稚"的人，然后再去找更多这样"幼稚"的人交朋友。这些"幼稚"的人，就会将这个世界想象成像童话一样纯净明亮的地方。当你与他们进行对话的时候就可以发现，越是这样的人，通常会有更加开阔的视野。因为他们懂得，这样的人生态度才可以让这个世界变得更有利于自己的生存。拥有这种"幼稚行为"价值体系的人，与那些不考虑他人情绪的人是不一样的，因为这样是不会产生什么不愉快的感觉的。追根究底，幸福的本质其实不就是像一个孩童一样快乐，而接近幼稚吗？在这个世界上，把"酷"的表象丢弃，也是能够得到很多种幸福的。多和懂得这些道理的人在一起，你自己也会成为虽然"幼稚"，却也非常幸福的人。因为，不管什么时候幸福都是会互相传染的。

　　所以做一个爱自己的女人，不要轻易就放弃自己，不要因为别人的一些言语、看法就将自己放弃掉，那是最可悲的！

宽容——处世最大的智慧

　　20 世纪 20 年代末期，时任东北大学建筑系副教授的林徽因参加了由张学良出资发起的征集东北大学校徽图案大奖赛，林徽因设计的"白山黑水"图案一举夺魁，拿下本次比赛的最高奖。

　　1945 年二战行将结束时，时任清华大学建筑系教授的林徽因受美军邀请，在即将执行的奈良轰炸图上为其标出了著名的文化古迹位置，以免被炸。和日军在中国八年的种种残虐暴行相对比，我们看到了人类的进步。

　　或许很多人还不知道，林徽因一家在 1937 年 11 月与 1939 年 1 月两次险些于日军的轰炸中丧命，其三弟林恒 1941 年在对日战争中阵亡了。纵是佛经中九天十地诸神菩萨，胸襟也不过如此吧。

　　宽容，是中华民族传统的一大美德。《庄子》曰："不能容人者无亲，无亲者尽人。"《道德经》也有这样的记载："上德若谷。"意思就是，有道德的人是不会计较个人得失的，他的心量就会像空谷一样可以宽容一切。宽容就是温暖的阳光，能够将最坚固的冰川融化；也是化解矛盾的一剂良药，还可以让社会和谐、安定。

与此同时，宽容又是为人处世时的一种崇高境界，还是一种道德的升华。它的含义不只是局限于人与人之间的理解与关爱，而且内心对于天地之间的一切生命都会产生旷达和博爱。

宽容，体现了一个人的雅量、文明以及胸怀，这是一种人生的境界。哲学家这样说：宽容是一个人修养和善意的结晶；心理学家这样说：宽容是家庭生活的"调味品"。的确是这样的。俗话说得好："金无足赤，人无完人。"孔子曰："人非圣贤，孰能无过。"有错、有过，主要看你怎么对待。最明智的办法，就是"宽容为上"。宽容了别人换个角度考虑就是宽容了自己，宽容的同时，还会创造出生命的美丽。要是没有了宽容，我们就会永远地生活在仇恨的阴影之中无比痛苦，在这世上唯有宽容，才可以让我们不再在刀锋上行走。著名的思想家波普曾这样说："错误在所难免，宽恕就是神圣。"法国著名作家雨果曾说："最广阔的是海洋，比海洋更广阔的是天空，比天空更广阔的是人的心灵。"阿萨吉奥利曾说："如果没有宽恕之心，生命就会被无休止的仇恨和报复所支配。人将处于无道德之中。"

这个社会上需要宽容。家庭需要宽容，婚姻的美满当然也离不开宽容。宽容中包含了理解，同情还有原谅，也就是最大限度地接受对方，夫妻间需要宽容，容宽就是夫妻之间的美满和睦，是爱心与信任的展示。生活需要宽容，快乐之花需宽容的甘露来浇灌和滋润。

活在世上一定要学会宽容，懂得宽容的人，通常都是心胸开阔的人。当被人误解的时候，或是误解了别人的时候，宽容总会把一切都抚平，来调和一切。宽容是大度，可以将这世上的酸甜苦辣容下，将所有的恩怨是非都溶解掉。"山重水复疑无路"的时候，一定要学会宽容，于是就会"柳暗花明又一村"。海之所以博大深沉，主要就是因为海具有宽容的品格。孕育生命的海似乎在向人们这样昭示着：宽容一切，才能孕育一切；孕育一切，才能征服一切。

处世需要宽容，成就事业需要宽容，洒脱与智慧需要宽容。宽容地面对你的人生吧，就算你什么都不会，也显不出你的无能无知；宽容地面对生活吧，就算是你心存恶念，也是无影无形、无声无息地；宽容地面对一切，就算是无亲无故，也会朋友遍天下。

宽容的定义

宽容就是忍耐。

俗话说得好，百忍便成金，退一步就可以海阔天空。面对同事的批评、朋友的误解、太多的争辩和"反击"都是不可取的，也是无济于事的，只有冷静、忍耐、谅解是最重要的。在这个世上你需要做到的就是坚持以德报人，以理服人，以情感人。要相信："宽容是在荆棘丛中长出来的谷粒。"能退一步，天地自然宽。

宽容就是忘却。

谁没有痛苦？谁没有过去？面对那些令人感到痛苦的伤疤，动辄去揭当然是会平添新创的，旧痕新伤就不会很好的愈合了。宽容是忘却，忘却也是一种宽容。忘记昨日的是非，忘记别人先前对自己的指责或是谩骂吧，时间就是很好的止痛药。学会忘却，懂得宽容生活才有不一样的光彩，才有欢乐。

宽容就是洞察。

社会是个矛盾体，因此不管是谁，或是什么事情都不会尽善尽美。不管是患难之交、亲朋好友，或者是金玉良缘、模范丈夫，这些都是相对而言的，洞察他们的矛盾、苦恼，这些种种的痛苦总会被掩饰在成功的光环下，而掩盖的工具是什么呢？就是宽容。用宽容的眼光看世界，友谊、事业、家庭才会更加的稳固、长久。

宽容就是谅解。

"记仇"，是心灵中的一大恶瘤，面对那些曾经伤害过你的人，你需要做的就是放弃仇恨，多给别人一分宽容和谅解，同时也是让自己放松，而且两个人之间的隔阂也可能会由此而得到化解。每个人都有错误，如果执着于过去的错误，那么就会很容易形成思想包袱，会不信任，会耿耿于怀、放不开，这样就会限制了自己的思维，也限制了对方的发展。

宽容就是潇洒。

古人这样说道："处处绿杨堪系马，家家有路到长安。"有容人之量，能宽厚待人，乃事业成功、家庭幸福美满之道。凡事都斤斤计较、患得患失，活得就会很累，难得人世走一遭，潇洒是最重要的。

怎样学会宽容

要在竞争激烈的现代社会求生存，需要学会宽容，包容其他人的过错，自己才能走得更长远。乐观的人总会以宽容待人待事，悲观的人却总容易想到事物不好的一面，因此心情也或许会比较压抑、郁闷，容易对别人产生不满或是生气。有的人平常的时候还好，但是只要是遇到了不好的事情之后就会特别的悲观，那样也不算是真正的乐观，真正的乐观在于一个人的心态，不管是什么时候都能够给自己鼓励和希望，并且时刻相信自己。

要让自己变得更加优秀，只有自己先积极了才会去宽容别人。如果一个人自己过得很不好或者不顺利，自己的心情就不会太好，只要是有人触犯了自己，就会觉得非常生气，就算是没有表现出来，心里也是非常恼火的。这也不是真正的宽容，这或许只是"忍"，这种情况倒不如把"火"适当地发泄一下，免得怨恨还有不满越积越深，还让自己很受罪，而如果自己真的非常优秀了，无论别人怎样自己都可以非常坦然地去接受，烦恼也就随风而去了。

宽容别人需要的是一颗感恩的心，你应该多想一想这个世界的美好，就算有很多不好的东西，但我们的生活也已经非常的幸福了。你拥有了一颗感恩的心，你的心情就会变得豁达起来，于是你就会以更加轻松和积极的心态去面对自己拥有的每一天，你还会为一些小事情不原谅别人吗？你还会因为鸡毛蒜皮的事情让自己难过或者不开心吗？要是实在不能宽容别人，就去想象世界是多么大，宇宙是多么的大，世界上那些伟人们心胸是多么的宽广，我们何不向他们学习，也让自己学会宽容呢！

宽容：快乐之门的钥匙

每个人都想要追求快乐，可是人生之路上却有各种各样的坎坷与矛盾，要使自己永远快乐，需要一个重要的品质就是宽容，对待自己的家人、朋友要用宽容的爱心，用宽容对待世界、对待人生。富兰克林这样说过："原谅绝对是一种美德。"心胸宽广的人，快乐一定就会围绕着他。

我们要知道人的生命是非常有限的，要是我们心中满是怒火中烧的仇恨，并且终日在仇恨之中耗费着自己的生命，在伤痛中沉沦着，当你蓦然回首时，你会发现时间早就已经将自己的青春和健康带走了，甚至是你的一切。这时你或许期望着时间的重新再来，因为这时的你才发现自己应该珍惜的、曾经被自己忽略的东西实在是太多了，所以，应该宽容很多让你耿耿于怀的东西，这样你的生命才不会有遗憾。

俗话说得好："宰相肚里能撑船。"在古代，蔺相如以国家的利益为重主动给廉颇让路，这又何尝不是一种宽容呢，于是才会有后来的"负荆请罪"，才会有"将相和"。歌德曾经给一个对他的作品提出过尖锐批语的批评家让路，用他的宽容和幽默化解了彼此之间的矛盾。多一分宽容，人们的生命才会有更多的空间；多一份爱心，人们的生活才会有更多的温暖和阳光。

宽容是一种高贵的境界，有不少人都在等待着别人的宽容，实际上宽容的受益人不只是被宽容者，宽容别人当然也是对自己的一种解脱。宽容是一种成熟的表现，是靠不断的修炼才可以获得的无价之宝。当然生命中还存在着非常多的东西值得我们去珍惜，珍惜现在拥有的，就是在珍惜着你一生的财富。也只有那些心胸豁达、善解人意的人的脸上才能绽放出真正的快乐，内心才会飘荡起快乐的白云。

一定要让自己懂得宽容，这样才可以天天都保持快乐的心情，用宽容的眼光去看世界吧，你会看到蓝天与阳光，还有青山与绿水，用宽容的心去对待自己的朋友，你就会得到友情与快乐，让自己更多一些宽容，就会获得一份温暖、爱心与快乐！让我们用宽容这把金钥匙打开快乐之门，做个快乐的女人吧！

宽容让女人更有魅力

曾经有人说过："懂得宽容的女人就像夏日的阳光，能够融化别人心里的冰雪；而不懂宽容的女人即使再美貌，也会显得愚蠢。"是的，宽容就是一种美德。作为一个女人需要具备的美德是非常多的，宽容就是其中之一，因为宽容能够让女人变得更有魅力。拥有了宽容，就拥有了健康的心态，也会让自己更加年轻。

宽容，体现出女人的魅力，就是这种魅力让这个世界变得生机勃勃，宽容的女人通常都是非常温柔的，她们为人很谦和，对人也非常的体贴，遇到了事情会替别人着想，不对"得罪"自己的人步步紧逼，轻松将矛盾化解开来。这样的女人拥有更加迷人的性格，拥有更独特的魅力，更容易博得人们的钟情和喜爱，她们总是会有很多的朋友。宽容的女人的婚姻会更加的美满，家庭也会更加的幸福，生活会更加的充实，更有意义。

通常宽容的女人是不会轻易地伤害自己的，这也是爱护自己最好的一种方法。在短暂的生命里，聪明的女人一定要让自己学会宽容，这也就是说你的心情会更加的愉快，宽容可谓魅力女人一生中的哲学。懂得宽容的女人，就不会总是乱发脾气，或者是闹情绪，更不会与人起冲突；懂得宽容的女人，拥有宽广的胸怀，生活得更加自在，有最知心的朋友。如果说温柔、贤惠、矜持是一个女性应该拥有的美德，那么再加上宽容，这样就会让一个女人更加的出色、更加的有魅力。

宽容能够展现一个人的心灵魅力，是女人不可或缺的内涵，如今你所放下仇恨，会给你带来全新的视野，于是你就会有接纳真相的能力，再也不必纺织幻想，蒙蔽自己的眼睛，而你也将为之变得更加具有魅力。学会宽容，成就自己，相信自己，来积累女人的魅力资本吧！

第七章

信仰爱情
无愧人生

我爱你，没有什么目的。只是爱你。

——林徽因

林徽因的爱情花边一直为人们所遐想，徐志摩、金岳霖和梁思成，这三个男人贯穿了林徽因的一生，人生的主色调非爱情莫属，没有爱过的人生是缺失的。信仰爱情的人，一生都会是浪漫的。

用最美的姿态等待

> 有缘的人，无论相隔千万之遥，终会聚在一起，携手红尘。
> 无缘的人，纵是近在咫尺，也恍如陌路，无分相逢。
>
> ——林徽因

或许，在我们还捧着书本，啃着钢笔没日没夜地苦读时，或许已经有人初尝爱情的滋味了；我们走进大学，天天穿梭在图书馆，与我们擦肩而过的人都是成双成对的了；当我们修完学业，工作的时候，或许已经参加过无数的婚宴了。二十多岁的我们，年少的时候，或许与青涩的爱情擦肩而过，然而这未必就是一件不好的事情。或许就是因为这样，我们才避免了更多的伤害。

曾经听过一些悲伤的人谈论爱情，他们说时间就是解药。想一想或许时间并没有那么神奇，一些人已经被遗忘，还有一些人在等待着被遗忘，但是该痛的还是要痛。之后，整个世界的雨就开始稀里哗啦地下。

时间或许就是一个非常巨大的容器，我们身带伤痕，在时间里面躲着，心里面在祈祷着，希望悲伤和痛苦可以马上过去。之后，就这样在我们痛着的每个时刻，时间就用一种叫作空虚的麻醉品，就这样渐渐地治疗着我们，让满是伤痕的心在时间里渐渐沉睡。于是就这样不知不觉，生命之中曾经最重要的东西也就只剩下空白了，等一切都过去了，我们就会从容地微笑，或者是沉默。在心底有一丝时间带不走的淡淡悲伤，也是种幸福吧。

有的时候会想，人的一生实际上就是一场宿命的轮回，有不少东西其实早就命中注定了，相爱的人不一定可以牵着手走到最后，于是你就会很痛心，会有疑问为什么那么相爱到最后还是会分开。命运就是如此，谁又能够左右得了呢？除了等待以外，我找不出最好的期许。

爱情，并不在于距离是长是短，抓不住，最后就只会像沙漏一样无望地下坠！爱情经不起脆弱的等待，如果"两个人"还没有成为"我们"的时候就已经后悔了，开始后悔你不爱我，或是后悔我错过了。每个人都是脆弱的却又在无情地伤害着对方。

很喜欢这样一句话，一生只谈三次恋爱：一次懵懂，一次刻骨，一次一生。两个人，说爱的时候都非常的用心，可是事过境迁，变了也就真的变了。彼此没有缘分的人，需要多大的坚强与勇气，才可以把另一个人忘得一干二净，那些所谓的地久天长不过是误会一场。

苏蓝把自己嫁出去的那一年是 37 岁，并不是没人要，而是一直都不愿意嫁。倒不是因为她的要求太高，而因为身边关于早恋早婚之后造成失败婚姻的例子实在是太多了。不过在还没有成人妇的时候，苏蓝也没有闲着，经朋友介绍的、家人撮合的男人她也并没有少见一个，只是每一次都没有可以达到自己标准的。朋友不禁这样感叹："你的要求太高了！要是还不趁现在把自己嫁出去，再过几年，你都四十了，再想嫁，黄花菜都凉了！"

苏蓝却是不以为然的态度，反正都已经这样了，不然就随便找一个好了，还不如破罐子破摔，也许就可以碰上一个英俊多金的好男人呢。但又一想如果现在真的就这样着急把自己嫁出去了，要是并没有遇到一个好的男人，或是对方是一个伪君子，那这前面的苦不是白受了吗？于情于理，都太不划算了。

就这样时间一天天地过去，再也没有人替苏蓝操心了，她只得去婚姻介绍所里"挖宝"了。于是，相亲的日子很快就安排好了，孙蓝倒是没有抱太大的希望，也没怎么打扮就欣然赴约去了。于是就这样在接触了几次以后，孙蓝顿时觉得，眼前的这个男人还可以，不仅是有房子有车子，而且还会做饭，对她也是知冷知热的，甚是关心。

于是经过一段时间的交往后，朋友们就接到了孙蓝发出的喜帖。大家都以为她一定是耐不住寂寞，之后就随便找了个男人然后把自己的后半生交上去了。在参加喜宴的那天，看着站在苏蓝旁边的新郎官，大家都没忍住小声地嘀咕着："这男人，也太帅了吧！"孙蓝走到她们面前，毫不掩饰地说着："不止帅，还细心且多金呢！"在朋友们听完苏蓝的回答之后，都非常吃惊，眼珠都要瞪出来了。

婚礼在朋友们的惊讶与祝福声中欢快地结束了。婚后，两人的生活如火如荼地进行着。每一天，同事们都可以看到苏蓝脸上抑制不住地喜悦。时间一长，朋友们便再次感叹："难道这大龄青年，也有枯木逢春的一天？早知道我当初不傻傻地爱，傻傻地结婚，到最后只好傻傻地羡慕别人了！"

爱情，一直都是让人感觉非常诧异的。同样的情况，对于有的人来说，就是通往幸福的门槛，而对于另一些人来讲，也许就是走向灭亡的深渊。在该来的时候，所有的都会来的。躲也无法躲，赶也赶不走。但是因为每个人对感情的处理方式都不是一样的，每个人在感情的分岔路口选择的方向也是不一样的，所以就会出现同样的状况、同样的前奏，结局却大相径庭。

因此，不要盲目地敷衍别人。每一个不同的人都会拥有属于自己的爱情。别人再好，你也不可能完全模拟出来；而自己再痛，别人也是感受不了的。爱得早的人，想要一个善始善终的结局，于是就会有太多的付出和辛酸；爱得晚的人，已然找到了一个相知相爱的伴侣，就不会再埋怨当初错过的浪漫际遇了。

对于女人而言，爱情路上最大的障碍应该就是年龄。大多数女人，都愿意在自己最春风得意的时候把婚纱穿上。可是事情总是不会太顺利，也许偏偏要等到你美人迟暮，才会遇到属于你的真命天子！然而这其中的变数，不是谁都可以参透的。

爱情来得或早或晚，并不是每个人都能够控制的，更没有什么是命中注定的。不要相信那些太过浪漫的邂逅。女人需要懂得的就是要为自己而活，不要把所有的希望都寄托在男人的身上。并不是每一个男人都能在你最需要的时刻出现。有些人，偏偏出现在你已经不再需要的时候；有些人，出现得虽然很早，但是你并不一定能看得见。时间虽然可以摧毁你的容颜，并把你的青春也带走，却并不是每一段感情都可以出现在你风华正茂的时候。耐心等待或者主动出击，这些都可以改变你的爱情。做一个懂得等待的女人，等待也是一个非常美丽的过程。

学会爱与被爱 _____

　　有人说，爱上一座城，是因为城中住着某个喜欢的人。其实不然，爱上一座城，也许是为城里的一道生动风景，为一段青梅往事，为一座熟悉老宅。或许，仅仅为的只是这座城。就像爱上一个人，有时候不需要任何理由，没有前因，无关风月，只是爱了。

——林徽因

　　什么是爱情？就是在等他回家的夜里，为他一遍又一遍地热早已冷却的饭菜！

　　什么是爱情？就是上街买菜，买完以后才发现篮子里其实全部都是他喜爱的！

　　什么是爱情？就是在他生病的时候，把需要的药物悄悄地放在他的口袋，然后附上一张纸条：一日两次，一次两片！

　　爱是非常神奇的，是一种没有办法通过言语去解释的温暖，会带给女人一生的温暖。这种温暖是一种永远的幸福，会让女人把爱挂在脸上，刻在女人的心里，成为女人战胜困难的动力。一个非常出色的女人，身边却空空荡荡的没有爱情，这难免会让人感到凄凉；一个聪明的女人，要是没有得到爱情的滋润，或许也只会是一场凄风冷月。拥有了爱的女人，她的生活就好比日月相互辉映，满眼是日的光辉、月的浪漫，光芒早就胜过了夜晚的繁星。

只有懂得珍惜生命的人，对爱情才会感悟得更加深。只要活着，就爱着。一辈子真诚地去爱，全身心地投入到爱情当中去，爱的甜美自然就会天天滋润着女人的心。女人要想酣畅淋漓地享受爱的滋润，需要懂得爱和被爱，要懂得承受那份爱。女人总是更乐意享受被爱、被呵护的感觉。可是在被爱的时候需要问一问自己：他是否也能成为我的所爱？爱你的人也值得你去爱，被爱的感觉才能真正地体现。因为真要让被爱的人感受到天长地久的爱情，就一定要让呵护和爱你的人也要有真正地被尊重、被感谢、被爱的感觉。想要在疲惫时借用他的肩膀，那么你就需要用自己的柔情温暖他的爱、留驻他的爱。而这份柔情必须是自己甘愿付出的，这样才会于己舒坦，于人真挚。女人，学会了爱与被爱，之后才会真正地体会到幸福。

爱与被爱同样幸福

要知道真正爱一个人是非常幸福的。因为你能够感受到他的存在，因为你为他做的每一件事或者是他的一些小事就会使你一整天都非常开心。

你爱他！你就会因为他的开心而开心，所以这时候的你是幸福的。或许会有人问你，你这么爱他，如果他不爱你怎么办？这时，你就会对他，说：我爱他开心的笑容，因为他的开心我也会跟着开心。我可以不要他爱我！这个时候你笑了！你的笑容就好像是早晨的阳光一样清新自然，所以说这个时候的你是幸福的，你正在幸福地爱着。世界上没有几个人能让你这么无条件地付出，有的人或许整整一辈子都没有付出这样感情的机会，因此这个时候的你就是幸福的，因为你已经找到了一个让你很爱的人！

被爱也同样也是一种幸福。在这个世上有一个人如此重视你、关心你，把你当作心头肉，这在心灵上也是一种寄托，这就是说你对某个人而言是无比重要的，所以你应该因此而感到幸福。

他爱你，就会因你的开心而开心，你就会非常的幸福。这时候你或许会问，他这么爱我，要是我不爱他该怎么办？这时候的他也许就会对你说：我爱你开心的笑容，就是因为你笑了，所以我做的事就会变得有意义，我可以不用你爱我！他笑了！笑得像黄昏的阳光一样温暖舒服，你应该就是非常幸福的，你一个人幸福地享受着被爱的感觉。要知道在这个世界上没有几个人可以对你这样无条件地付出，这样的幸福或许一辈子都不会遇到，因此，你是幸福的。原因就是你遇到了一个非常爱你的人！

爱与被爱可以说都是非常幸福的，爱别人是一种无私的、纯净的幸福，而被爱是一种自私的、负债的幸福。有些人或许会片面地认为，只有被爱了才会拥有幸福。然而，当你的感情不断地影响着你的心情时，你就会渐渐地发现，原来爱与被爱同样是幸福的，两者的分别或许只存在于形式上的不同罢了，这就相当于"施与受"的关系。

不要伤害爱你的人

你对你的爱人一旦不再有感觉了，那么就请放手，就是为了可以让别人有机会去爱他。你爱的人一旦放弃了你，那么请你也要放开自己，这样就会让自己能够有更多的机会去爱别人。有的东西不属于你的就不要过多地投资感情了，有的东西你再留恋也是注定要放弃的，是你的就是你的，不是你的就不要再强求了。所以，不要让任何一种爱成为伤害的罪魁祸首。

或许有人会说，缘分早就被上天注定了。有的缘分注定了要失去，有的缘分永远都不会有好的结果。爱一个人不一定就要拥有，可是拥有了一个人那么你就一定要好好地去爱。爱一个人是没有错的，不爱一个人也不会存在错误，错就错在你们没有真正地得到属于你们双方的缘分，投错了自己的感情。一个人无权伤害任何人，尤其是爱他的人……

不爱一个人的理由是非常多的，可能因为他不是特别帅气，不是特别有钱，或者只是不会表白，不懂得浪漫，你就不喜欢他。你可以拒绝他，但是不要伤害他！想想你也有可能被别人拒绝，所以你就别太残忍地伤害别人了！伤害人的方式也是很多的，有时，话语比刀还伤人！

可是，事不由人，在这个世界上生活，我们经常伤害的人就是爱我们的人。因为他们是不设防的，对你不会有任何的盔甲，会向我们袒露最柔软心怀的人。而不在乎你的那些人，纵然你去伤害他们，他们或许也不会在乎的吧，因为他们并不爱你，与你是没有任何关系的。因此，不要去轻易地伤害一个爱你的人！

如何去爱一个人

不要总想着改变你的另一半，在爱情里面最可怕的事情，就是一个女人对她的男人说，不要这样不要那样。当然，如果有需要的时候，你最好用建议的口吻说：亲爱的，你现在很好，如果你……

那就更好了！但是可以的话最好不要这样拐弯抹角的建议什么。你认识他的时候，他最不惹人喜欢的状态你也接受了，如果当时可以接受那就可以了。不要总想着必须要让他在你的监督之下改掉一些自己现在不喜欢的习惯，几十年的习惯是不会轻易被改掉的，如果能也是一时的，而且你不心疼他改正时的痛苦吗？可以的话你还是接受吧。

　　爱你的男人，就要尽量去扮演他生活中不同的角色，做知己，需要用宽容的心去聆听他的心声，你需要给他一个宽广的世界；做母亲，需要无私地包容他，当然并不是纵容。不要总是因为他已经过去了的感情吃醋，也不要强迫他把以前的事情都讲给你听，你比他以前任何一个女友都好。然而事实就是事实，事实不是能够随意改变的，如果你强迫他说你好，他反而会记住另一个事实。

　　对于正在迷恋着你的男人，你可以用心思，让他对你欲罢不能，但要用不同的方法。这个问题并不是特别的简单，因为这需要你有很好的洞察力，可以在最短的时间里将他的喜好都判断出来。你可以从服饰、举止、言辞这些上面看到这个人的内心。女人是母亲和女儿角色的混合体，在面对你的男人，是母性更多一些的，多给他一些关心和体贴，还是野性多一些，给他一点不一样的感受，一些刺激、激情或是放纵，全看这个男人，当然也要看你能不能准确地抓住。你不用刻意地在他面前说你有多爱他，只要做出他所欣赏的女性类型，或许有的时候一点眼神、一个动作就足够了。

　　不要总是让男人陪着你去逛街，让他当你的搬运工，你应该清楚一点，就是没有几个男人是真正喜欢逛街的，强迫到最后的结局就是反抗。你不要去尝试改变男人，不要想着他会在你的调教下就成为你理想中优秀的男人，其实去适应他比要改变他更加明智。在他头痛或者疲惫的时候，给他做做适当的按摩，手法不要过于复杂，缓解精神疲劳才是最重要的。不要总是想试探你的男人，也不要拿分手当作威胁。分手是不能随便说的，也不能开玩笑，也不要经常提起。当你经常给他这样的心理暗示时，他就会不知不觉地在心里为分手做好提前的准备。

通常在一个女人爱上了一个男人，之后就会很想知道有关这个人的一切，于是就会把这个男人当成自己的"私有物品"。事实上，这样的做法不只是会让自己感到心累，也会让对方倍感压力。就算是你爱他爱得无药可救，特别是在没有结婚的时候，也要学会接受他可能有几个"很好的"女性朋友。男人是为欲而欲，在这里做一个不是特别恰当的比方，就像小狗看见骨头就忍不住去追一样，男人见到了非常漂亮的美女，或许就会想要看一眼，但最终他的心还是在你这儿的，小狗最终也是要回家的。

当他不爱你要离开你的时候，你就要问自己对他究竟还有没有感情，如果你不爱他了，那就不要为了自己那可怜的自尊而不肯离开；如果你还爱着他，那么你要做的就是希望他过得更加幸福快乐；如果你还在阻止他去寻找真正的幸福，这就是说你并不是真正地爱他，而如果你不爱他，你又有什么资格指责他变心了呢？爱并不是占有！你喜欢月亮，总不能把它取下来，可是月光还是会照进你房间的。换言之，你爱一个人，可以用另一种方式拥有，也就是让你所爱的人成为你生命中一份永恒美好的回忆。

不要错过爱你的人

幸福是不会随时随地地恭候你，爱你的人不会随时出现的，所以你一定要学会珍惜。如果你遇到了一个深爱你的人，这个人就会为你而改变，他无悔地付出，只要能与自己爱的人在一起。其实生活中的确有这样的一些人。最懂你的人总会一直在你的身边守护着你，不会使你受半点的委屈；真正爱你的人，是不会经常说出那些甜言蜜语讨你欢心的。要是遇到了真正爱你的人，一定要好好地珍惜。这世界上，每一个人都有个想要寻找的人，这个人错过了，也许就再也找不到了。如果爱上，就不要轻易地让机会错过。莽撞和怯懦，都可能使你后悔一阵子。人生的不完整也许就是因为没有经历过爱情，爱情的不深刻在于没有经历痛苦。爱情可以让人生更加的丰富多彩，而爱情也是在痛苦过后才会得到升华。

给予对方自由的空间

不管是在恋爱还是婚姻之中，都要给予对方自由的空间。人与人之间也需要有一定的空间，这个空间是无形的，需要对方维护和尊重。包容另一半的不足，林徽因与梁思成之间就达到了这种默契，林徽因偶尔会有一些小脾气，梁思成从来没有在意过，甚至还宠着林徽因，而林徽因也一直在工作生活上鼓励梁思成，这样的相处就是最好的。

曾经有人这样说过：女孩在二十岁之前需要的是一个美好的家庭，在二十岁之后需要的是一个美满的婚姻。在女孩的一生中婚姻是一件大事，婚姻使女孩的一生变得更加完整，还会让女孩由一名懵懂的少女变成一个伟大的妻子和母亲。能不能拥有自己想要的美满婚姻，这是每一个女孩能否幸福的决定因素。爱情诀窍中有这样一句话，就是婚前两只眼、婚后闭只眼，把"婚前怎样选择"与"婚后如何面对"直白地告诉了女孩。

婚前：借我一双慧眼看清楚

婚前睁大两只眼的原因就是为将对方看得清清楚楚、明明白白！在恋爱的时候，只有睁大了双眼，要用自己的一只眼睛看清对方的优点，再用一只眼睛看清对方的缺点，并综合观察他到底值不值得自己把青春、一生献给他。得出一个很好的结论以后再结婚，才会有可能增加婚后这段婚姻的抗风险能力。

晶晶27了，这个年纪对于一个女孩子而言，不算很大、但也不能说小了。看着周围的同学们都一个个穿上了婚纱，抱上了孩子，晶晶的父母非常着急："你到底想要挑到什么时候？能过日子、对你好就行了，这样找会有个头吗？"晶晶没有回应父母的询问，她有自己的想法：已经到这个年龄了，就没必要将就了！要找就一定要奔着好的去！别像那些大妈们给自己介绍的男人一样，粗看上去还好！仔细看一看，浑身都是毛病，整天恨不得女孩拿自己当爷一样供着。

因为已经有很多好友都结婚生子了，晶晶去看她们时，都快成了购买婴儿尿片的专家了。有一天，她正在超市里拿着两种尿片比较着，旁边走过来了一个男人："小姐，请问三个月大的婴儿用哪种尿片呢？"她抬头一看，一个长相不错的男人，正用他那亮晶晶的眼睛看着自己。晶晶有点哀叹：好男人为什么都已经被贴上已出售的标签了？她给那个男人指点了一二之后，就随口问道："孩子都三个月大了，做爸爸的还不知道买哪种尿片？"谁知那个男人有点不好意思地挠了挠头，说道："我还没结婚呢！帮朋友买的。"晶晶听到之后："和我一样啊！"于是，这两个人就这么相识了。

大家在知道了晶晶的艳遇以后，朋友们就纷纷替她献计，可是晶晶却决定自己拿主意。之后，她通过一段时间的交往，发现这个名叫海宏的男人不只是长相不错，而且学识、为人各方面也都是可以称得上是优秀的，就是因为自己太专注于工作了，所以才耽误了自己的终身大事，把自己拖到 30 岁了还没有结婚。晶晶让朋友们给她做了参考，大家都一致认为这样的男人不错，晶晶这才决定与他正式恋爱。

细致的观察总归是有效果的，就是因为在婚姻之前双方都互相地做了非常充分的了解，晶晶与海宏相识了半年以后，交往的效果使两人都非常满意，而且大家也都说，今年年底终于有希望能吃上晶晶的喜糖了。

婚前双方的了解是特别重要的，要是在恋爱的时候没有睁大眼睛，就这样晕晕乎乎地走入了婚姻的殿堂，直到结婚以后才发现，其实对方有很多的缺点，有些甚至让自己没有办法去接受。到那个时候再后悔就迟了，而失去的也不只是爱情了。

婚后：闭只眼享受难得糊涂

婚后生活不可能总是一帆风顺的，两个人的磕磕碰碰是再所难免的，就算是"赤诚相见"了，也不一定就会"赤诚相待"。在婚姻中如果瞪大了自己的眼睛，便会看到对方越来越多的缺点。于是，在这种对错误的挑挑拣拣中，婚姻最终会走向爱情的坟墓。

平青一回到家，就看到丈夫那臭袜子又摆在了门口，她一进门就有种被熏到想吐的感觉，于是心里不禁升起一股怒火："李强！给你说多少次了！你的臭袜子别放在门口！扔进塑料袋里系上口！"丈夫李强从房间里走出来："我今天不是忙着给你做饭忘了吗？来来来，尝尝我做的糖醋鲤鱼！特地为你做的！"

平青强将自己刚刚燃烧起来的怒火压了下去，走到了厨房里面。不看还好，一看厨房都快被丈夫搞成垃圾堆了！刚杀的鲤鱼血还在案板上没有被清理掉，还有那些内脏什么的脏东西在垃圾桶里招了一大堆苍蝇。于是她又忍不住朝李强吼道："你有没有做过饭啊？你看看厨房都被你搞成什么样子了？你做一次饭还不如不做！"丈夫没有吱声，就只是静静地收拾着自己因为做饭弄脏了的厨房。

可是丈夫越是这样，平青就越感到自己的怒气：婚前感觉他听自己的话还是挺好的，怎么到了结婚以后看见他这副样子就会感觉非常窝囊呢？她气呼呼地跑到卧室里去了，眼不见为净，省得为了那些不起眼的事情生气！

丈夫做好了饭便叫平青："吃饭了，过来吧，别生气了，你看我给你做了好几道你最喜欢吃的菜！"平青就撅着嘴走过去看了看，真的是自己比较爱吃的，于是就破涕为笑。可是在吃饭的时候，平青又开始嘟囔着将丈夫的不是数落了一遍。

虽然李强经常忍让平青，可是平青的啰嗦与挑剔的确使他心里非常不舒服，他感觉平青没有满意过这段婚姻，李强经常在好友与兄弟面前抱怨。于是有一天，这些抱怨传到了平青的耳朵里。她简直不敢相信这些真的是丈夫的真实想法，回到家中以后就与李强大吵了一架，又拿了几件衣服回自己的娘家去了。

回去以后，母亲看到她气呼呼地，就问她出什么事了，平青就把自己跟李强的事情讲了一下，并且强调，自己心生不满的原因就是因为丈夫的种种不是与让人看不惯的毛病实在是太多了。母亲听了以后，语重心长地说道："平青，不是妈妈说你，婚姻中不用让自己这么仔细的，两个人过日子，最重要的就是学会糊涂啊。"平青听完之后看着母亲的样子，仿佛明白了几分。

在婚后双方都会对彼此有更多更深的了解，两个人身上的不足与缺点也随着在一起的时间增长而逐渐地显现出来。在面对这些本来自己不知道的缺点的时候，聪明的女孩就会明白，学会睁一只眼、闭一只眼对待婚后生活，要比睁大双眼挑他的毛病好得多。只有学会恰当地糊涂一下，婚姻才不至于沦为爱情的坟墓。

婚前睁大两只眼的目的是为了选择更加适合自己的人来托付终身；婚后闭只眼是为了让爱情的甜蜜继续保存下去。然而有些遗憾的就是，有不少人都在恋爱的时候被爱情冲昏了头脑，天天闭着眼睛过着花前月下的日子，这样到了婚后了才睁大两只双眼仔细地挑拣出对方身上各种的缺点。这样一来，婚姻生活就不会幸福。聪明的女孩绝不会将两者的顺序搞错，而是坚决地将"婚前两只眼，婚后闭只眼"的爱情哲语记在心中，并且实施到平时的爱情生活当中去。

爱是给予不是索取

在林徽因的一生中，有着许多矜持的缄默。徐志摩嗓门最大最不知顾忌，但是碰到林徽因也颇为委婉，后来坠机身亡，永远沉寂了。陆小曼于是也缄默了，素服终身。梁思成也是沉默的，我们只从他第二任妻子林洙那里，知道一些只字片语。林洙也是缄默的，提及林徽因的时候，她永远会想到少女时期去拜见她的情景。金岳霖面对采访者更是如此明言："我所有的话，都应该同她自己说，我不能（与别人）说，我没有机会同她自己说的话，我不愿意说，也不愿意有这种话。"

"能使你爱的人快乐，不是世界上最大的快乐吗？""爱者的快乐就在奉献的快乐之中，在他所创造的被爱者的快乐之中。""真正爱的人是把自己整个儿都给他所爱的人。"从古至今，所有的这些至理名言总能唤起人们对爱情的憧憬和向往。

一个真正懂得爱的女人应该是爱情中的给予者，于是就会在其中体验到快乐、平和、美好、满足，这对于她来说就是一种人生幸福。婚姻心理学家认为，爱的给予者在爱情关系中会更易于满足，对于一个女人而言，爱着就够了。而就是因为女人这种一无所求、无私的爱，反倒会得到对方的尊重与珍视，尊重与珍视客观上就成了爱的回报；然而从另一个角度来讲，毫无条件的爱是对对方能力最好的一个肯定，男人可以在这样的爱中体会到充分的信任，相信自己可以满足爱人的需要，同时也会非常乐意在爱人面前展示他的这种能力。爱情就会这样进入良性的循环当中，健康又充满了活力，不求回报的爱得到了爱的回报，世事就是这样令人不可思议。

世上有很多女人都渴望被爱，希望自己能够有个依靠，有点爱的影子出现，就想握在手中不松开，于是要求被爱就会顺理成章地变成爱的动机。当一个女人爱上一个男人的时候，这个女人就会最强烈地体验到那种爱的感觉，她想抓住这种令自己感到愉快的感觉，希望对方对自己可以有相同的回应。爱情中的女人或许都会这样想："我这么爱你，你却连这点事都不肯做。"接下来就会有这样的推论："你这么不在意我，当然是不爱我啦。"虽然前一句隐藏着是爱就有要求被爱的权利的含义，然而她真正感到的不满其实是爱的期望不能实现。法国的作家莫里哀曾这样说过："女人最大的野心就是往男人心中灌注爱情。"让人遗憾的是，这种野心实现的可能性并不大，在这个世上对等的爱是非常少的，所以爱的期望难免要落空。要是不能将仰望爱情的心放得低一点，于是在不知不觉中，男人眼里的女人就成了爱情的掠夺者。有一位三十过五仍孑然一身的男士，对他的几任女友，大发感慨道："她们个个都说爱我，但是总抱怨我对她们不够好，没把她们放在心上，没专心致志听她们唠叨，没陪她们玩乐，好像她们爱我就有权利要求我做这做那。这也叫爱？她们的这种爱还不是为她们自己，根本就不是爱别人。"说完之后，还非常生气地加上了一句："这就是现代女人的爱情，算了吧，我宁可不要。"

一个爱人的人，当然会想要有爱的回报，被爱的人又会觉得无条件的爱才是真正的爱，这听上去似乎是很有情理的，但是这样的人如果遇到了一起，一不小心，爱者就成了爱的掠夺者，被爱者就会有被盘剥的感觉，结果不是一方弃爱而逃，就是为十字架，背着抱着都太沉重。

一个想要想获得真正爱情的聪明女人，需要让自己成为一个独立的女人，一个有能力爱人的女人，无私无畏地、无怨无悔地去爱你所爱的人。

爱的本身是索取，爱的责任是付出

"有一种爱叫放弃"，在你不在被需要的时候，能够选择的也就是离开了，无论再怎么难离开都会随着时间的推移，慢慢地冷却。虽然是很无奈的事情，但胜似凄美。就爱的责任来说，其中包含了很多，迁就、诚信、包容、肚量……

究其根底就是因为自己的付出而让对方感到幸福快乐。而在婚姻当中，爱的责任又多了一种大局意识。那为什么会有这么多种的爱？或许就是因为爱的本身是索取，爱的责任是付出。所以，当索取与责任相互结合在一起的时候，这段感情就会走得更远！

假如说喜欢是一种"享受"，是种短暂而又美好的幸福快乐，那么爱就是在这个过程中一直需要或是被需要着，最好是直到永恒。爱的需要说到底就是一种索取，被需要就是付出。只是我们没有在需要和被需要之间找到一个确定的平衡点，多以关于爱情，得到与失去都是看心态的。

爱情的开始只是纯粹的喜欢，或者说是适合。不管喜欢或者是适合，说到底都是一种需要，有的时候会像吸毒一样，尝到了一点甜头，就会难以割得，甚至会变成理所当然的思想。然而我们并没有权利要求任何人必须要按照自己的意愿去完全满足自己，相反地，我们需要的是以一颗感恩的心来看待对方为自己的付出。因此，完美的爱是很少的，只有完整的爱。

对于爱，或许很多人都会说，只要他（她）过得开心就好了。实际上，这是个误区，因为我们所追求爱的"理想"的结果总是需要得到回报的，最好直至永恒。因为人总是自私的，因此爱情也会变得非常自私。将这两者相互结合在一起考虑，爱的本身其实就是索取，但是只是一味地索取，却不知道付出的爱情是短暂的。因为每个人都有自己承受力的一个底线。有人说爱情是非常伟大的，能够将很多东西都改变，可是在我看来还是因人而异的。当爱情变得伟大了，是因为一个人的责任心。当爱情变得自私了，就是因为疏忽了自己应承担的责任。

如果，爱情是一次旅行，那么婚姻才是真正的生活。在这次旅行中我们需要的是考验和磨合。当爱情要跨越婚姻的时候，首先一个女人要考虑的并不是你多爱对方，而是你是否真的可以将这份责任承担起来。有些人对于爱情会从身体开始，有些人会从表面开始，有些人会从现实开始，然而无论是从哪里开始的，都是一种感觉、一种欲望、一种心灵的需要，一份美好的爱情能够走到最后，是彼此都已经把索取与责任真正地融入彼此的心里了。

爱，需要付出

在人的一生之中，总是会有不少难以想象的事情，最多的就是感情，都是因为感情才会感觉到痛心与心动。然而人们就喜欢这样的感觉。

　　曾有一道这样的选择题：在你的人生旅途中，你会选择爱你的人，还是你爱的人？

　　对于这样的题，千万个人有千万种答案，而且每个人的答案都会使你吃惊，是的，爱的力量就是这样的。人生可以遇到一个真心相爱的人是很不容易的。所以，人们在拥有的时候要珍惜。可是人就是那么的贪婪，拥有的时候总不懂得珍惜，可是到了失去的时候，才会心痛，人，需要学会珍惜。全世界的东西是不可能都属于你一个人，你拥有的东西也不可能一辈子都会属于你。或许你的他（她）会抛弃你，因为你并没有真正地懂得珍惜。

　　其实爱是非常简单的，在简单中透出了复杂。其实，爱是一个很难说明白的东西。你不惹它，它就会自动上门服务，你总是会被它的服务佩服得五体投地，之后掉入这个温柔的陷阱。它是非常诱人的，总是会让你情不自禁地去追寻，却从不后悔，因为这个时候在你的生活里已经不知道后悔是什么了，这个时候的你就只知道付出。唯有付出的爱情才会是伟大的、长久的。没有时间的考验、老天的考验，那种爱情是痛苦短暂的。爱，是需要付出的……

　　阿明，从小就生活在贫困的家庭里，因为自己的爸爸嗜酒成性，而又残暴，妈妈再也忍受不了丈夫的虐待，在他13岁那一年，带着妹妹远嫁他乡，也就是从这时起，他也就担负起家庭的责任了，而且爸爸对他的态度也非常的恶劣，总是不理不睬的。长大以后，他到外面工作，有缘与一个叫小丽的女孩一见钟情。但是不幸的是，因一场大火，小丽被毁容了，还要一大笔医疗费，她的朋友听到了之后，都离她而去，但是，阿明和小丽虽然认识了还不到半年的时间，他却没有走，而且把自己的工作辞掉了，全心全意地照顾小丽。过了106天，阿明的积蓄就已经全部用光了。当别人问他为什么要这样做的时候，他说："我也经历过被人抛弃的滋味，我还要挣钱给她整容。"说完，就深情地望着小丽。

若两个人是真心相爱的，他们就不会计较任何的付出。阿明与小丽由于是真心相爱，阿明才把自己辛辛苦苦挣来的钱花光了，并可以忍受别人异样的眼光……

从古至今，都有很多至死不渝的爱情故事，比如梁山伯与祝英台；焦仲卿与兰之；罗密欧与朱丽叶，等等。虽然他们的结局都是悲剧，然而这也就是他们能够真心相爱的一种表现。一个女人，应该懂得，爱是给予，而不是索取。

选择携手一生的人

怎样才可以保证，自己找到的就是那个可以携手一生的人呢？在这一方面，林徽因算是出色的，因为她选择了梁思成，一个对她对家庭都有担当的人，更重要的是，他们能够共同进步，而这一点对于两人来说都尤为重要。

如今社会，女性都开始自强起来。因为她们都非常坚信，生活是自己的，该怎样生活是由自己来决定的。无论是谁都有权利去决定自己想要的生活。女孩也是一样的，但每个女孩最终还是需要有一个归宿的，不管她有多独立。可以说，选择男人就是选择生活，明智的女孩知道自己将来想要的生活是什么样的，因此她们找的都是适合自己的另一半，也会因此而得到幸福。

选择伴侣就是选择生活

女性在成年之后，选择伴侣就会成为自己的头等大事，因为她所选择的伴侣就可以直接影响决定到她以后的生活状态。虽然如今早就过了"嫁鸡随鸡，嫁狗随狗"的年代，夫妻之间都会有着同样平等的权益，可是婚姻需要两个人共同维持，另一半的生活方式对自己是一定会有着非常大的影响的。因此，当你决定与一个男人共同走下去的时候，就要确定自己是否可以适应与他在一起生活，或者说你是否可以为他做出改变，否则最后只会令双方都非常痛苦。

小雨与男友恋爱一年多了，两人感情也非常的好。男友长得非常帅气，更重要的是对她特别的体贴，从来都没有跟她吵过架，每次她生气都会尽力逗她开心。但男友有一个毛病，那就是好吃懒做，但是小雨则比较喜欢勤快又有上进心的人；她非常爱干净，但是男友偏偏很懒惰，衣服穿得也很脏，堆成堆之后才去洗，家里也整天乱成一团。因为这个两人闹过不少的矛盾，男友也保证以后自己尽量改。最重要的是小雨并没有认为这就是影响他们的大问题，之后慢慢改就好了。

于是，两人就到了谈婚论嫁的时候。小雨有点犹豫，因为她不知道婚后的生活自己能不能适应，可是男友再三地跟她保证结婚以后肯定会改掉自己的坏习惯，一定给她幸福的生活。最后小雨想了想，她认为婚姻可以让一个男人变得成熟起来，结婚后男人多了一份责任，应该就会勤劳起来，于是他们就结婚了。但是，她错了。结婚之后，丈夫依然还是非常懒惰，她每天早上起来都会将家里收拾得干干净净，可是丈夫一到家，家里就又乱成了一团，脏衣服、鞋子、袜子随便乱丢，东西用完后以后就乱扔，有的时候甚至都懒得洗澡。更重要的是，丈夫是个没有上进心的人，结婚后一点都不成熟，还是非常贪玩。为此，她跟丈夫吵过很多次的架，刚开始丈夫还能听进去，但是逐渐地就麻木了。她想，也许有个孩子后就好了，之后就跟丈夫商量生个孩子。于是一年后，她生了个女儿，全家人都非常的开心，丈夫也跟着忙前忙后的，在她身边无微不至地照顾着，她以为自己的丈夫终于开窍了。但是她还是错了，丈夫的开窍只不过是一时的欣喜罢了，很快他就变回了以前的状态。小雨对此非常的痛苦，也很失望，她对自己的婚姻开始感觉到不满。就这样，与丈夫生气就成了家常便饭。小雨曾不止一次想要离婚，可是看到自己的女儿，她还是狠不下心，之后就一次次地选择了忍受。夫妻俩的生活就这样几乎每天都在争吵，她看到丈夫的懒散总是气不打一处来，而丈夫被压得透不过气来，夫妻俩都疲惫不堪……

如今很多女孩对爱情的追求都是盲目的，她们认为有了爱情的婚姻就可以更长久。是的，在婚姻里爱情是必需的，但只有爱情是远远不够的，你所选择的是要共度一生的人，因此你一定要想清楚，他的生活方式你是否适应，他给你的生活你能不能接受。选择什么样的伴侣，就等于是选择了什么样的生活，女孩必须要为自己的婚姻负责，明确自己要什么样的生活，这才是对人生的负责。

慎重选择伴侣

俗话说得好"男怕入错行，女怕嫁错郎"，对于女性来说，自己的婚姻大事也是人生大事，如果自己选错了伴侣，也就相当于是自己亲手毁了自己的幸福人生。有不少女性在选择伴侣的时候，也许就非常爱轻信那些甜言蜜语，只看到对方身上的优点，却忽略了对方身上存在的劣习，以及双方存在的差距，还总是天真地以为爱是能够包容对方的，可以改变对方的。

选择伴侣是件非常严肃的事，女性要慎重，也要用聪明冷静的头脑去认识自己所选择的伴侣。聪明的女孩在看清对方的生活方式是否真的适合自己之后，再决定是否继续跟着对方走下去。

她和男友是大学同学，相恋了将近两年的时间。男友比她高一届，毕业之后就去上海发展了，然而这并没有影响到两人的感情，他们总是通过电话互诉相思。她在学校里面也很努力地学习，为的就是掌握一门技术，之后跟男友一起努力，男友工作也是非常用心，两个人都为他们的未来拼搏着。很快，她就毕业了，毕业之后毫不犹豫地就去上海了，一直待在男友的身边，两人的感情也越来越好。可是忽然有一天，男友的家人打来了电话，说通过亲戚朋友的联系，家里给他安排了一份非常稳定的工作，而且跟他所学的专业也刚好是对口的，并且收入也不错。上海打拼也不容易，男友决定回去，但她却不同意。因为男友这次一旦回家了就会在那里安家，他是家里的长子，人又孝顺，以后就离不开那个地方了。但是对于刚毕业的她而言，对自己美好的未来有着很好的憧憬，男友那种生活并不是她想要的，而且她也不想一辈子待在那个小县城里。要知道，那里跟大城市相比的话，就太落后了，当然或许是因为她的虚荣，但她就喜欢大城市的生活，也只能适应大城市的生活。

但是自己的男友执意要回去，说如今有一份安定且收入不错的工作是非常不容易的，大城市固然好，但发展也是非常困难的，还是回去踏踏实实地过日子比较好。于是她就更加确定男友给不了她想要的生活，就算是在一起也不会幸福，于是她毅然选择了自己想要的生活，与男友分手了。

分手之后，她非常的伤心，大半年的时间都没完全地恢复过来。然而她并没有因为自己的选择而后悔，因为她知道这就是现实，两个人在一起需要爱情，但结婚需要的不只是爱情，还需要考虑各方面的因素，女人选择了自己想要的生活才会让自己真的幸福。

在与恋人相处的时候，如果你发现对方的性格是不适合你的，或者说对方的生活方式并不是你所想要的，请一定要离开他。人相处得久了总会有感情，虽然离开一个自己喜欢的人是件非常痛苦的事情，可是事关自己一生的幸福，硬要勉强自己去接受，只会令双方都非常痛苦。俗话说"长痛不如短痛"，你需要为了自己想要的幸福果断地选择放弃，勇于追求自己想要的生活，这就是幸福的根本。

女孩的幸福是掌握在自己手里的，不仅要抓得紧，还要抓得对。婚姻就是女性的第二次生命，它就像是一场赌博，如果你赢了，你便幸福美满地度过一生；如果输了，你将会终日生活在痛苦之中，也许你可以再重新选择，可是有的东西失去了，就再也回不来了。在选择伴侣时，每个人都非常的迷茫，可是不管怎样你都要明白，选择什么样的男人便会有什么样的生活和未来，所以聪明的女孩一定要认定自己想要的生活。

第八章

用一生写下
的答卷

答案很长，我准备用一生的时间来回
答，你准备要听了吗？

——林徽因

　　爱情的起点是心动，爱情长久保存的
方式就是婚姻，梁思成疑惑地问林徽因为
什么选择了他。是呀，面对如此多的追求
者，这样美丽的一个女人，为什么会选择
梁思成，这样一个外表不出众，也算不上
浪漫的理工男呢？一生的时间，林徽因用
自己的方式告诉了梁思成答案，婚姻是一
场互相扶持的旅程，挑选伴侣是一个技术
活，如何保鲜是一门学问。

选择男人便是选择未来

　　一个女人，如果你不是独身主义，那么下半辈子一定是同一个男人度过的，而这个男人在很大程度上就决定了你的未来生活，林徽因选择了梁思成，他们有着共同的爱好、共同的理想，这个男人对她来说是一个伴侣，更是灵魂上的良师益友，这样的男人能给她想要的人生。

　　那么，对于普通人来说，应该怎么去选择相伴一生的男人呢？是金钱、相貌、道德、权利、性格或是爱情？究竟是谁蒙蔽了我们？是爱情，是我们的爱情梦想。总是会看到相伴五六十年的婚姻，却总是不曾看到那轰轰烈烈了五六十年的爱情。在女人的世界里，你最爱的人、最爱你的人与共度一生的人之间，有一种谁都不愿走进的怪圈，确实有很多遗憾与无奈，确实与自己对幸福家庭希望值相失落的感觉，但是又不得不承认也就是如此，生活才可以变得这么丰富多彩。

　　古代就有"男大当婚，女大当嫁"之说，婚姻可以说就是人的第二次生命，美好的婚姻可以幸福一生，痛苦的婚姻则会一生不幸！选择美满的婚姻一定是所有人的向往，古人流传了这样一则小故事，讲的是一位女子寻找婆家，媒人告诉她有两户人家，也就是东西两户是可以挑选的，东家眉清目秀、相貌堂堂，可是家境贫寒的青年；西家是长相粗俗却家财万贯的富家子弟。女子回答了一句特别经典的话:"住在东家,吃在西家。"这虽然只是一则笑话,可是反映了天下女人对婚姻的一种美好愿望。

婚姻是一件应该慎重的事情。婚前的了解和认识是非常必要的,没有共同的语言、共同的生活方式,两人能走到一起就会增加困难,想要生活得幸福、美满更是需要时间的考验和磨合。

人的一生原本就是一场旅途,一场寻找爱的旅途。每个人的一生当中都需要找到四个人,就是:自己、你最爱的人、最爱你的人、共度一生的人。

首先你会遇到你最爱的人,之后你就会体会到爱的感觉,于是你了解了被爱的感觉,所以就会发现最爱你的人,当你经历过爱人与被爱之后,就学会了爱,这样就会知道究竟什么才是你最需要的,也才会找到最适合你的,能够相处一辈子的人。

爱情通常都是不食人间烟火的,而婚姻的主食就是人间烟火。在年轻的时候,爱情也许只是一场梦,女人不应总是做梦。女人需要的是脚踏实地的生活。世上的情缘便是如此,你以为人家不合适,但是,他们也许就是最幸福的一对。如果相遇的结果使大家平凡,就让彼此平凡。

如果相识的历程让纵横星空的天马,逐渐地变为忍辱负重,行向一路崎岖的承载驽马,让彼此接受。如果相识的轨迹让云霄之上的金童玉女,贬为人间烟火的凡夫匹妇,让彼此甘心。你呢?找到了第几个?在茫茫人海之中,你遇见了谁?谁又遇见了你?

婚姻不是妥协

婚姻是不可以冲动的。爱情的精华主要是在刹那的冲动,可是爱情的全部不能就此赌注……在荧光幕前,我们总是能够看到不少电视剧或是电影，一直在强调爱情的唯美和浪漫，情人们总是能够逢凶化吉，克服所有的困难，之后在灯光美、气氛佳、剧情最高潮的时候迅速地走在了一起，进行闪电结婚，接着便是"王子与公主从此过着幸福快乐的日子"这样的遐想。可是，这样的情景我们只能在电视中欣赏。要知道冲动永远比不了永恒，只有具备了所有结婚的要素以后，才能让冲动带着你们走向婚姻。

婚姻是不能凑合的，也不能在没有把握的情况下——奉"子"成婚。或许你会感到讶异，但是即使避孕这么方便，这样的老故事发生的频率依然很高；因此，女人一定不要让自己成为可悲的人，想要套牢别人的心，最后套牢的却是自己一生的年华。

婚姻不能与金钱结伴。找个金龟婿嫁了，女人找座金山来靠，谁能说不好呢？一切向钱看，尽管求财得财，可是，谁又能保证其他方面真的就很完美了呢？

婚姻绝对不是一件简单的事。不要害怕单身，如今晚婚和不婚都会是成熟的选择。生理时钟的催促、社会压力、怕做高龄产妇等这些因素，都会催促着让人为了打破单身情况而结婚。不要因为你的年龄，就轻易地把自己给奉献出去。真正的爱，不会因为你的年龄而决定你的幸福。要是因为年龄没有好好选择一位能够让你在生活、个性、心灵上各方面都非常契合的另一半，那么即便是结了婚也会掉落在爱情的坟墓里。每天过着无聊、烦闷的生活，这就相当于把自己关进了监狱。

好男人基本标准

依照之前人们的评价标准，忠厚老实、善待妻子、孝敬老人，应该就是百里挑一的好男人了，就算是日子过得非常的清贫，只要两口子举案齐眉、相敬如宾，这就会是一段很美好的姻缘。

现在，有不少女子都害怕贫穷，哪怕这男子品行如何的出众，如何的相貌堂堂，也打不动了她们的芳心，只有金钱可以使她们怦然心动，就好像要嫁给"金钱"一样，认为嫁给"金钱"就能够享受到爱情的甜蜜。

但是，只要是碰上一个有了钱就忘乎所以，自以为是不同凡响的男人，而又偏偏是个既无德又无心，把投机钻营，暴敛财富的本事都用在了玩女人上面的人，这倒霉的女人应该不会拥有真正的幸福吧？那么，有才、有貌、有德却没有钱的男人真的就是好男人了吗？那倒不一定，既然品行端正有才有德，可是却没有钱来支撑家庭的大厦，也不能在物质上带给妻子基本的保证，让她跟着你受穷受累，日子过得紧巴巴的让人心烦，也让人觉得汗颜。

美国知名的婚姻心理学专家奥布莱恩女士在谈及"好丈夫候选人"标准的时候，把"情绪稳定"和"宽宏大量"放在了首要位置。也许她认为，情绪稳定的男子藏着的是信心，是勇于迎接困难挫折挑战的；而宽宏大量的男子，是"我好你也好"，他们总是会很有信心地处理人事，所以就会很容易容纳别人。

但是，我们应该怎么判断自己所要选择的对象就是心理健康的呢？在这里提出关键的三个方面：第一，要看对方有没有自信心，包括对自我肯定的态度以及较强的适应力；第二，看对方情绪是否稳定，在面对困难挫折的时候，能不能保持正常的心态和乐观的情绪；第三，看他对待生活的态度，只有对生活充满热爱与向往的人才可以真正地体会到生活中的乐趣，并且还会一直感染你。

好男人应该拥有自己最独特的魅力，做男人，像男人，有男人的胸怀，有男人的大量；好男人应该恪尽职守，懂得自己肩上的责任与职责。这样的人不会为一时的心猿意马而自酿苦酒，也不会因为一时的痛快淋漓就放荡不羁；好男人应该是眷恋小家的，因为他们不并不会因一时的激情而放任自我；好男人是善于生活的，他们不只是满足于做妻子生活的伴侣，更会尽力让自己成为妻子的生命伴侣；好男人应该是深厚宽容的，与爱妻发生争执或平添不快的时候，他们是不会恶语相对的，也不会拔拳相加，而只会缄口无语、退避三舍，于是不愉快便会在一个人的忍让中化解，在宽容中再造和谐；好男人懂得忍辱负重，他们将心里并不愉快的情绪压抑深埋在心底，将生活中的苦涩留给自己，将岁月的重担悄然担起。站起来就是一座山，为小家撑起一切；好男人应该是事业有成的，不管是跻身仕途或者是身为平民，只要大丈夫"志存高远"，在事业上有上进心、有所成、有所获的发展；好男人总是拥有豁达的心胸，他不会为那些经常出现的琐事斤斤计较，更不会念念不忘你的一句气话……

认真选择一个灵魂伴侣

经营婚姻就好像是在下一盘棋，要考虑整个棋盘的局势，不能走错一步，不然你的人生就会步步不顺。请慎重选择你的婚姻，千万不要因盲目而失去自我，当你失去自己当年的纯真与美好，走入一个泥塘与漩涡的时候，你的人生就会变得黯淡。既然知道选择另一半的性格是非常重要的，那么在恋爱过程中就应该严格地把关。

恋爱的时候一定要心明眼亮，观察也要入木三分，女人请不要被恋爱的甜蜜冲昏了头脑。恋爱的时间最好相对的长一点，如此一来就会有机会从各个方面来考察恋人的性格。可以说人的某些性格特点只有在特定的场合才会显现出来，所以谈朋友要多场合接触，这就可以对你的恋人在承担不同社会角色的时候做一个很好的观察了。

你们可以在花前月下手牵手一起散步，也可以一同去拜访亲友；可以一起去购物，一起去远足，也可以一起去参加同学聚会；总的来说，尽可能地接触多样化的事件，看一看自己的恋人在不同事件中的表现以及反应，亲身去体会你们在不同情境下的默契程度，还有性格组合的优劣。

当然在谈恋爱的时候，恋人们总是会身不由己地藏匿自己的缺陷，只将自己的优点表现出来。甚至有的人热恋中的优秀品质，到了结婚之后就荡然无存了。

所以，在爱情里尽可能地多爱自己一些吧，少受些伤害，婚姻是要走一生的，婚姻的幸福是双方经营出来的。

门当户对遇上天作之合

林徽因与梁思成可以说是门当户对，两人从小就定下了婚约，就是这样一种情况，林徽因还在很长一段时间内没办法被梁思成的姐姐接受，虽然最后也完全接受了她。由此我们也可以看出，一个女人从一家到另一家去生活是多么不容易的一件事情，更别说出现灰姑娘一般的故事，那种压力不是任何人都可以承受的。

女人都想遇到童话故事中的王子，可你是公主吗？童话的故事里，王子总是喜欢公主的。不管中间出现多少的女人，王子最终都会排除万难和公主在一起，然后一生一世不分离。如果你不是公主，即使遇到了王子又与你有何干呢？不必激动、不必惊讶，有些东西本就不属于你。

在我国古时候，婚姻通常都会讲究门当户对，全由父母做主，这令很多有情人都不能终成眷属。因此人们都很反对这种封建的婚姻制度。而现在，时代进步了，封建的思想早就废除了，人们都享有婚姻自由的权利，于是门当户对就变成人们最厌恶的一种说辞。大多数人会都认为爱情是最纯洁、最神圣的，因此不要总是掺杂外在条件，那样感情就会不纯粹，也不会幸福。其实并不一定，门当户对或许是很现实的，还对自己的将来负责，不失为一种明智的选择。

爱情真的能战胜一切吗

对于恋爱中的双方而言，或许根本都不需要探求什么门当户对，两个人只要有爱情就够了。可是婚姻是不一样的，两个人要生活在一起，组成了一个新的家庭，需要考虑和面对的问题会很多，爱情是婚姻的基础，但又不是婚姻的唯一。两个家庭背景相差甚远的两个人走在了一起，也许甜蜜的爱情可以使他们得到一时的快乐，可是生活方式的不同，金钱观、价值观、人生观的不同，就好像横在两人中间的一道无法逾越的鸿沟，这样的婚姻就算能长久，真的就可以保证是美满的吗？

已经到了谈婚论嫁的年龄，给她介绍对象的人也很多。介绍的都是些家庭条件相当的富家公子，可是她反感相亲，讨厌这种门当户对的封建婚姻制度，因此她把这些都一一拒绝了。

其实，她已经对公司里的一个同事产生了好感，那是个非常老实、非常热心的男孩。刚到公司时，她什么都不懂，可以说都是靠这个男孩的热心帮助而逐渐熟悉的。像她那么优秀的女孩，遇到一些向她献殷勤的异性可以说是非常常见的，可是有很多人对她都是有企图的，但是这个同事却不是，她能感觉得到这个人的真诚，这年头，像他这种男孩越来越少了。他们的关系越来越近，直到半年以后，两个人确定了恋爱关系，于是就开始正式交往了。之后，男友向她坦白了自己的家庭状况：有一个妹妹，如今也在外打工，父母在乡下老家，他和妹妹会按时往家中寄生活费。她听后并没有嫌弃男友，反而觉得男友非常的伟大。这让男友非常感动，从此对她更好了，虽然平时自己非常节俭，可是为女友花钱向来都没有吝啬过，两人一直相处得非常和谐。

但是她父母知道他们在一起之后，坚决反对，苦口婆心地说这个男孩不能给他幸福，可是她软硬不吃，坚信自己的爱情可以战胜一切，两个人可以一起迈向幸福的生活。就这样，她不顾父母强烈的反对，坚持与男友偷偷地结婚了，两人租了一所小房子，就这样过起了甜蜜的小生活。于是，父母一生气就决定不承认她这个女儿，而她失去了家里的依靠，日子也变得艰难起来。她一直都坚信，两个人一起努力，将来一定可以过上好日子，到那个时候父母就可以接受他们了。他们两人工作一直都非常努力，但是却并没有得到相应的回报，也许真的是现实太残酷了，激烈的竞争使他们辛苦的付出显得微不足道。天天下班回到家，她还要辛辛苦苦地做家务，生活过得非常艰辛，而且丈夫的工资每个月都要往老家寄。于是，她开始绝望了，因为过惯了锦衣玉食生活的她忽然发现贫穷是那么的可怕。结婚还不到半年，她明显发现自己老了许多。对生活的不满也在逐渐地吞噬着她那颗坚定的心，她开始怀疑"爱情能战胜一切"这句话，因为她的爱情在残酷的现实面前变得这么不堪一击。就这样，两个人有了争吵，丈夫觉得她跟着自己受了委屈，一开始的时候总是让着她，而且还尽力地满足她的要求。但是争吵更加的频繁，丈夫也麻木了，两个人都陷入了痛苦中。

有不少人总是天真地认为爱情可以战胜一切，但是婚姻并不是全靠爱情来维持的，还需要一定的物质基础以及相同的生活方式作保证。门当户对这样的思想或许有些封建，但双方的生活环境与观念差异较小的话，夫妻之间的矛盾就会减少很多，生活也会幸福很多。

灰姑娘只存于童话中

如今的女孩子们，或许都非常喜欢王子与灰姑娘的故事，因为它的结局实在是太完美了，灰姑娘最终找到自己的真爱，跟王子过上了幸福的生活。于是，不少人就会开始梦想自己有一天也可以遇到生命中的王子，她们认为爱情是没有阶级之分的。但是，灰姑娘的幸福故事只是在童话中出现。童话故事是美好的，可又是虚幻的，在这个现实的社会中，灰姑娘与王子也许不会有幸福的结局。

有一只洁白、强壮的天鹅受伤了，它在一条小河的旁边休息。这时有一只美丽的鸭子经过，它马上就被天鹅那英俊的外表和高贵的气质所吸引，于是就停下来为它清洗身上的伤口。几天来，鸭子都一直陪在天鹅的身旁，无微不至地照顾着它，每天都去给它找食物。天鹅被鸭子深深地感动了，也被它那与众不同的美丽所吸引，之后它就向鸭子表达了自己的爱意。鸭子欣喜若狂，它非常激动地接受了天鹅的追求，就这样幸福地生活在了一起。

不久以后，天鹅身上的伤就愈合了，它又能飞翔了，可是鸭子却不会飞翔，于是，它们一同来到池塘边，在那里安了家。它们一直都非常相亲相爱，鸭子总是细心地照顾着天鹅，将自己所有的爱都奉献出来了，因为它害怕哪一天天鹅会离它而去。天鹅的羽毛一天天地被污水弄脏了，于是渐渐地，它的羽毛不再洁白了，而且它那不习惯行走的脚也变得又红又肿，它开始怀念之前在天空中自由自在飞翔的日子，那个时候的它是多么令人羡慕啊！于是它对鸭子说："你学着飞翔吧，那样我们就可以一起在高空中比翼双飞了。"

于是，鸭子为了天鹅，开始努力地学习飞翔，每一天它都非常努力地练习。即使每次都把自己摔得浑身是伤，可是却从来都没有抱怨过，为了天鹅它什么都愿意做。可它只是鸭子，始终都不能像天鹅一样飞翔，毫无办法之后它放弃了，它真的做不到。"让我带着你飞吧！"天鹅对鸭子说，既然鸭子没有办法飞翔，那么他就试着带着它飞翔。鸭子非常开心点头答应了，于是天鹅就抓住了它，挥动着翅膀，就这样慢慢地，非常吃力地飞上了天空。第一次在天空中飞翔，鸭子特别的高兴，它越来越觉得天鹅是就它生命中的王子，能够带给它幸福。这以后，它每天都让天鹅带着它飞翔，于是天鹅开始疲惫，可鸭子却没有注意到，只是沉浸在天鹅带给它的幸福之中。一天，鸭子又让天鹅将它带到天空中，无奈之下，天鹅勉强地带着它飞了起来。"飞得再高点，我想到更高处去！"鸭子要求天鹅。于是，天鹅飞得很高很高，于是慢慢地，他很快就没有力气了。可是，鸭子没有感觉到这些，仍然无比的兴奋，它开心地在天空中欢呼。这个时候，天鹅突然深深地吻了一下鸭子，鸭子奇怪地看着他，之后就开始从高空中渐渐地向下坠落。它无力地任凭身子往下掉，眼看着天鹅离它越来越远……

在现实生活中，王子爱上了灰姑娘的事情是有的，然而灰姑娘的结局永远都不会像童话故事中的结局一样美满。每个女性都想自己嫁给一个既有钱人品又好的男人，认为那样就能过上幸福的生活了，实现了自己的灰姑娘的梦想之后，最终还是会明白，这只是奢望，两人各方面都存在差异，就算再努力也是无法弥补的。

所以，结婚还是要讲究"门当户对"的。古人"门当户对"这句话，可以流传这么长时间并不是没有道理的。爱情和婚姻确实是两回事。

女人如何在婚姻中幸福

许多人都做了岁月的奴隶，匆匆地跟在时光背后，忘记自己当初想要追求的是什么，如今得到的又是什么。

——林徽因

究竟什么才是真正幸福的婚姻呢？你可曾得到过幸福？幸福需要的是风雨同舟携手进退的默契，还是有子万福高调示爱的价值观？如今越来越多的人关注婚姻，质疑婚姻究竟是什么？其实，简单地说婚姻就是两个人抱在一起取暖。男女双方感情如何，不取决于对方是否完美，就算他们各自都有不少的缺点，却仍然能够和睦地相处，一生幸福，这也是永恒的真理！进入了婚姻的殿堂，在多重角色中分清主次也是特别重要的。或许你有多重角色要扮演。可是你千万不要忘了，你生活中有个最重要的角色是丈夫的妻子，你们是立过誓言要共度一生的。

面对分歧

女人请记得要刚强自尊。因为这样就算是输掉了爱情，也不会输掉整个世界！

总会有人这样说，婚后的女子要警惕被丈夫抛弃。事实真的是这样吗？其实，要锁住丈夫的视线，单凭一双警惕的眼睛是不可能维系得了的。过分干涉丈夫的社交领域、生活情趣，动不动就乱摔醋坛子。这样真的就可以"保护"你的婚姻了吗？

怕甩就会被甩。男人靠管也是管不住的，男人要是真的变了心多少匹马都拉不回来。现在社会，婚姻的竞争是无所不在的。更何况，感情这个东西不稳定因素太多了。作为一个女人，只有不断地适应丈夫的变化，才可以更好地驾驭丈夫，女人不应该用男人的尺度塑造自己的生命，或是衡量自己生存的价值。要调教一个好老公，需要的不是尔虞我诈，你需要的是温柔、理解、感动、浪漫。现在，工作压力非常的大，有谁不渴望轻松和释放呢？有谁又不希望下班回家，就可以享受到伴侣带来的温馨和浪漫呢？工作越辛苦，愿望就会越强烈。但是，男女之间，永远存在着的差异或是误解。对此，没有必要回避，你只能勇敢面对。

如果老公出轨了，你应该怎么面对呢？你要怎么做呢？也许你会一夜不眠。你可以第二天起床，跑到丈夫工作的地方大哭小叫，当众将丈夫与他那位年轻漂亮的"狐狸精"同事的丑事揭露出来，单位答应一定给予处分。但是到最后老公会与你离婚，离婚之后一周就和那位年轻女人结了婚，如此这般的结果相信你是不会满意的。当然，你还可以第二天上午到美发店做个美美的发型，下午再去做个面膜，顺便到情趣商店买套风情的衣服。晚上在家准备一桌烛光晚餐。老公晚上回到家以后，看到美丽性感的你，惊讶得嘴里可以放下一个鸡蛋，这时他会深悔自己有眼无珠，并发誓一辈子不会让你离开他。方法不同得到的结果当然也是不一样的，如何选择就看女人自己了。

想爱却不会爱、不懂爱、没有能力爱，没有爱的技巧，就要为爱付出代价，有时候付出的代价是非常昂贵的。

进入婚姻的人，要想得到自己的幸福，第一，要具有牺牲精神，因为婚姻中的角色是由两个人组成的，这个世上没有两个人从思想到行为，都完全相同的，所以一定要学会付出，这就是得到幸福的关键。多一些宽容，少一些责备；多一些理解，少一些争吵。这是你的责任。这并不是说你一定要哭丧着脸，承受一场危机四伏的感情。你也不用硬着头皮，默默地忍受缺乏激情的婚姻。你要做的，就是从挑剔走向包容，从误解走向理解。第二，对幸福的感受要理性化，尤其是女人，总是会对婚姻有所幻想，这些美好的想象会超出自己的实际生活，这样就不会找到幸福的感觉。第三，要懂得经营，老话说婚姻是爱情的坟墓，可是这个论断并不是绝对的，只要你懂得经营自己的爱情，也可以永远留住你的爱情。

从爱情到婚姻是需要经历很长一段路的，比如触电、评价、探索、建立亲密关系、相互承诺，这样的阶段是必不可少的，在这个过程中你需要耐心、资源和技能。经营幸福婚姻首先要学会的就是爱自己并且不断地完善自己。你自身可爱的地方就是吸引另一半的地方，相信自身的价值，一定要尊重自己的愿望与要求，尽量让自己做一个完整的人，而不是谁的另一半。不管是外在美还是内在美，你都要两样及格才可以保持吸引力。

经营你的幸福

经营幸福婚姻应该是两个人携手共进，夫妻双方是互动、和谐、互助的。当一个人脆弱的时候，另一个人就应该及时地给予帮助，使那个脆弱的人站起来，渡过难关。要建立一个生活机制，让伴侣之间可以共同分享成功与苦难。平静的幸福是非常容易让人疏忽的，而携手进退的默契与坚忍，也非常容易让夫妻之间建立起对未来生活更加牢固的信心与勇气。这就好像神圣的婚誓那样：无论贫穷、疾病，我都愿意与他共同担当，不离不弃。携手共进退的另一个幸福所在，其实就是在你们共同面对生活中的艰难与挑战的时候，在你们的心底就会不由自主地涌出对生活、对伴侣的一种感恩，这样就会让你们忍不住从心底呼出：感谢天地，让我们今生可以在一起。

经营幸福婚姻需要的是原谅。"人非圣贤，孰能无过"，每个人都应该在犯错和改错的过程中学习并成长，也的确是这样的，如果没有什么原则上的错误，那么就请原谅你的爱人吧，那不仅是给了他一次改错的机会，同时也是给自己一个成长的机会。抓住对方的错不放，这并不是一个明智的做法，因为这样只能伤害彼此之间的感情，有百害而无一利。精心呵护经营这份不易的情感才能百年好合。珍惜你所爱的人，珍爱你枕边之人。当发生争吵的时候，一个主动真诚的道歉，一个虚心的自我批评，一个和好的表示，都可以将双方的气愤情绪给软化，甚至还会加深彼此之间的理解和感情。宽容地对待自己的爱人，他同样也会善待你的，只有这样你们才会得到一个幸福美满的婚姻。

经营幸福婚姻还需要忍耐与勇气。爱是电光火石，是恒久的忍耐，也是长久的等待。其实在很多时候我们都会为自己祈祷，想知道自己的另一半究竟什么时候才能出现，希望这个等待的过程可以再短一点。并且在有的时候，即使他就在我们的对面，却还是没有办法马上清楚地知道他就是最正确的那个。就好像是跳一支悠扬的圆舞曲一样，舞伴一个个地换下去，一直到曲终人散，你心里最放不下的，也许就是你最想要的。当然，你一定要相信自己，坚持到最后或许就可以把结果看出来。

经营幸福婚姻当然还少不了爱的结晶。还有什么比共同持有"有子万福"的人生理念的夫妻更幸福的呢？幸福之家，才是最好的模范家庭。但是你需要记得，不能因为孩子而忽略了自己的丈夫。不少女性有孩子以后，就会忽视自己的丈夫，将心思全放在小孩的身上，一心想将自己的孩子抚养好，甚至在情感上也非常依恋自己的孩子。这让丈夫怀疑除了孩子，妻子的心里究竟还有没有自己的位置。当孩子长大以后，夫妻就不需要将心思全都放在孩子身上了。在生活中还是要想想自己，自己的幸福应以夫妻为中心，只有三足鼎立的家庭才最稳定。如果一个家庭丈夫长期得不到满足，就会到外面去寻找感情支持，外遇或许就是这样出现的，归根结底，原因就出在家里面，在于女人的经营。

婚姻幸福的秘密其实非常的简单，经常拥抱你的他。轻轻的一个拥抱也许就会将一颗层层防御的心融化。当你给他端上一杯香醇的咖啡时，不要忘记加上一个体贴的拥抱，这会比糖和牛奶更让他甜在心里；在他离别之前给他一个吻。你也许不会想到，当你着急出门的时候匆匆一吻也有着非常大的魔力。临别的一吻可以把你们彼此之间的心系紧；偶尔给他一个惊喜，或者是意外地为他做一顿丰盛的晚餐，再或者是携他一同去他最喜欢的餐厅，精心地制造一下浪漫，让劳累了一天的心上人，可以放松心情，有一个如履仙境般的惊喜；女人的心都是很细的，纪念日总是会记得牢牢的。要知道每年都会有几个值得纪念的日子，尤其是结婚纪念日，这样的日子会使彼此之间都回想起最初心跳的感觉；要不断更新你的情感关系，保持新鲜与活力，要是有一部分失去了，你就需要再重新找回来，如果破坏了，你需要修复它。经常给你的婚姻注入一些新鲜的活力，这就是最好的爱情加温方式。

女人的幸福法则

幸福婚姻法则一：爱情就是将两个人拴在一起，婚姻则是把一群人拴在一起。

幸福婚姻法则二：结婚就意味着"劫富济贫"，在金钱的支配上不要弄平均主义，也不要斤斤计较。

幸福婚姻法则三：夫妻之间一旦有问题发生，出面劝说的人越多，问题就越不容易被解决，所以你一定要学会自我消化。

幸福婚姻法则四：婚姻就是一部机器，有故障是在所难免的，这有赖于日常调试和维护的。

幸福婚姻法则五：既然家庭是一个避风港、避难所，那么婚姻就应该具有藏污纳垢的功能。

幸福婚姻法则六：孩子终究还是孩子，丈夫也是孩子；如果当丈夫引起你不满的时候，就请读三遍上面说的那句话。

志同道合才能天长地久

卞之琳慨言："她天生是诗人气质、酷爱戏剧，也专学过舞台设计，却是她的丈夫建筑学和中国建筑史名家梁思成的同行，表面上不过主要是后者的得力协作者，实际却是他灵感的源泉。"从这一段话中，我们可以看出，林梁二人互相扶持、共同进步，也正因如此，他们的婚姻道路才走得如此顺畅。

有句俗话"道不同，不相为谋"，对于朋友、同事或者合作伙伴来说这句话都普遍适应，实际上这句话对于婚姻同样也适用。在每个女孩的心中，爱情都是美好的，只要喜欢上了一个人，两个人的家庭条件、生活方式、志趣性格等这些方面的差别都不是问题，她们认为爱可以战胜一切，爱本身就是一种付出，她们认为自己能够为了爱而改变。但是一个人的观念、思想是不会那么容易改变的，当你们的婚姻因为道不同而出现摩擦的时候，婚姻也就会随之出现危机，摩擦一旦没有办法消除，那么剩下的就只是痛苦。

婚姻讲究志同道合

志同道合的人结成的婚姻，与革命时代的革命事业与革命道路是不一样的。我们每个人在结婚之前都会有自己的生活方式，有自己的人生观和价值观，但是结婚后就不再是一个人了，会更多地添加一份对家庭的责任。两个人走到一起，生活在一起，并不是说一切的事情都是非常合拍的，可是两个人在一起至少要有共同的志趣爱好，或者说两个人要一条心。

她非常漂亮，他也很帅气，他们是在一次朋友聚会上认识的。第一次看到他的时候，她就感觉到这个男孩身上有一种她很欣赏的气质，有一种可吸引她的气质。却没想到那个男孩主动向她要了电话，她平静地给了他，内心已经非常欣喜了。之后他们就经常联系，再之后他们就发展成了恋人。恋爱的滋味是美好的，他们每天都要见面，感情越来越好。

相恋了将近一年，彼此都非常熟悉了，她逐渐发现，他们之间有很大的差距。为了爱，她会尽量跟着自己男友的节拍走，尝试着喜欢他所喜欢的。性格上的差距她可以弥补，可是还有很多差距是没有办法去弥补的。为了爱，她几乎都要把自我丢掉了，可两人的差距依然还是不能填补。她一直想要一种安安稳稳的幸福，希望自己可以有个安定的生活，可男友却不一样，他一直在追求刺激、新鲜的生活。她曾试着改变男友，改变自己，但都失败了。因为一个人的本性，不会那么容易就改变，她就这样时而幸福时而痛苦地生活着。

一天，男友给她准备了一顿特别浪漫又温馨的烛光晚餐，那是男友第一次给她有一种家的温暖。她非常的感动，这个时候，男友拿出了戒指，向她求婚。这种场面她只在电视里见过，欣喜若狂。她想，婚姻能够将两个人紧紧连在一起，于是她答应了。接着，两家人就开始选日子了，为他们的婚礼做准备。"结婚后我们做个小生意吧！"她开心地对男友说。"在家做生意太没出息了，到时候你在家里闲着就好，我要去外地发展，成就一番大事业，之后把全家都接去享福！"他非常自豪地说着。"你还要出去吗？踏踏实实过日子有什么不好！"她尝试着劝他。"我从来就不知道什么叫'踏实'，放心吧，我保证在我的心里就你一个人，等我安定下来，就把你接去！"

她看着自己的男友，心里彻底没有了希望，本想用婚姻拴住他，但是她发现这根本就不可能，她拴住的只不过是自己而已，然而他们两个人永远都是两个世界的。即使家里已经为了他们订好了婚期，她还是毅然决然地和男友分手了，因为她知道，就算是结了婚，自己也只会成为一个深闺怨妇。

杨澜说过这样的一句话：女人，到了三十岁以后才会知道自己想要的生活是什么样的。有的人也许会认为，两个人怎么因为这么一点事就分手了，是因为他们爱得不够深，因此他们才不愿意为对方付出。其实，感情一直都不是决定婚姻最主要的因素，而是由生活本身决定的，在你们的感情因为两人生活中各个方面都不同而出现矛盾的时候，你就会明白，志同道合其实是婚姻幸福的首要因素。

婚姻可以互补吗

有不少人认为，婚姻除了志同道合以外，还需要互补。确实是，夫妻双方不能没有共同点，也不能完全没有差异，有共同点才能相知，有差异才能互补。然而互补也需要双方积极努力地配合，否则也会使婚姻陷入泥潭。

小丽是个非常内向的女孩，喜欢把事情都藏在心里，也许就是她那种含蓄的美深深地吸引了他，他开始对小丽展开了追求。他的性格非常的外向，而且非常的幽默，正是这种积极向上的态度把小丽感染了，两个月以后两个人就正式交往了。

之后这两个人的爱情生活非常的甜蜜，虽然小丽过于内向，而男友过于外向，而正是这样小丽认为两个人正好能够互补，并且男友一直都非常迁就她。对于他们之间存在的差距，男友也总是尽量弥补，她一直沉浸在这样的幸福之中。一年后，他们就结婚了，虽然小丽也感觉到他们之间有差距，但她以为婚姻本来就是互补的，只要她们可以互相地迁就，就可以慢慢地适应了。虽然心里是这样想的，可是婚后却是另一种情况，丈夫是一个不拘小节的人，有什么说什么；而小丽过于内向，她喜欢把事情放在心里，遇到不开心的事情也不愿意说出来。就这样，心里的不满就开始积累，然而人是有底线的，在累积到一定程度之后就开始爆发，而且一发而不可收。他们吵得没完没了，而婚前的很多承诺丈夫都不记得了。刚开始还好，丈夫总是尽量迁就她，或许就是因为丈夫的迁就，她意识不到自身的毛病，总是觉得丈夫应该包容她、了解她、为她改变。但是每个人的忍耐终究都是有限的，丈夫渐渐地就受不了她那火山爆发一样的性格，而她也不满丈夫那种粗枝大叶的行为，总觉得丈夫不够了解她。

终于有一天，当小丽又一次大发脾气之后，丈夫平静地提出了离婚。小丽傻了，气愤不已的她又开始跟自己的丈夫大吵大闹起来。然而这一切都于事无补了，最终他们还是结束了这段痛苦的婚姻。离婚以后的小丽还是生活在痛苦中：原以为婚姻可以互补，可是两个性格不同的人还是没有生活在一起。

有人说互补就好像是拼图一样，只需要把空缺的地方填补出来就好了。但不要忘了，这需要两者之间的差异也恰到好处才可以有效果。就像婚姻一样，要是两个完全不一样的两个人组成了一个家庭，那么两个人就必须要懂得并愿意为对方付出，取长补短，夫妻一条心。然而要是两个人都背道而驰，那么差距也就只能越来越大。婚姻中的互补是可以的，可一定要懂得相互辅助，双方都相向而行，只有这样才可以维持幸福和谐的婚姻。

有人说婚姻就像是打麻将，只有志同道合才能和谐相处。志同道合确实是一种古老的婚姻制度，可是这样的婚姻规律依然没有过时。不管在什么情况下，男女双方只有相互尊重、相互了解、相互理解，只有这样才可以和睦相处，而志不同、道不同，又怎么能相互尊重、了解和理解呢？两个人要是想快乐地生活在一起，爱情确实是非常重要的，可是没有相似的性格、志趣以及生活方式等这些作为铺垫，爱情如何保持，婚姻又能如何维持呢？

幸福的婚姻如何保鲜

关于幸福，林徽因这样理解："等待一场姹紫嫣红的花事，是幸福；在阳光下和喜欢的人一起筑梦，是幸福；守着一段冷暖交织的光阴慢慢变老，亦是幸福。"

美国哈佛大学的一位教授说："婚姻的基础来源于审美，美满的婚姻需要四大要素：发现美的眼睛，传递美的神经，加工美的大脑和感受美的心灵。"

完美的婚姻绝对是需要你不断调整、磨合、呵护、建设、更新的，因为，婚姻是一个寻求美与和谐的过程。但是往往许多人在面对婚姻和爱情的时候，都有一点懒惰的心态。有人说，结婚六七年，是最初的激情散失的时候，是夫妻面对日常生活中琐碎的问题越来越多的时候，是结婚——生孩子——共同生活这简单而又沉重的三部曲奏响并久而久之的重复演奏的时候，也是婚姻的倦怠期出现的时候。这个时候无论男人与女人，都会对最初的山盟海誓有了怀疑，如果此时两个人不用心地去经营自己的婚姻，很可能会让婚姻走到尽头。是什么原因让人对婚姻感到厌倦？是审美疲劳吗？不，是精神乏味！

婚姻是一场豪华的赌博，是一场与心灵的战争，是一种磨合消化的过程。婚姻是清清楚楚，明明白白，特别具体又特别讲究细节的一件事。注入婚姻的情感，随时都有风险。婚姻是一项集体运动，是一种生命化整为零的工程，是一场灵与肉的战争。爱情可以让一天顶上一万年，可婚姻却要把一年当成一秒来过！所以人们感慨，相爱容易相处难。

一分钟爱情

从热恋到婚姻，时间磨平了爱情带来的激情，如何让对方再重新燃起恋爱时那种美妙的感觉？其实，这没有想象中的那么难，只需要一分钟……

男人和女人结婚三年了，褪去了当年的激情，转而演变成了如今的麻木，每天的生活都是上班、下班、吃饭、上床索然无味。

男人说："你为什么不把头发好好打理一下，每次都是用夹子胡乱一别，而且还常常穿着拖鞋和邻居聊天，以前你可不是这样的，你的淑女形象跑哪儿去了？"

女人怔了一下，立刻反驳道："你就知道躺在沙发上看足球，一天到晚挂在网上聊天，你有多少个月没给我买过一支玫瑰了？你多少天没有对我说过'我爱你'这三个字了？你整天只会抱怨我，而你自己呢？"

于是，从小小的抱怨变成了吵架，越吵越僵，到最后，想离婚的心都有了，当初的山盟海誓显得那么虚张声势。可是，等到战争平息之后，就没人再提离婚的事，他们毕竟不是真的想结束两人之间的关系。

偶然的机会，男人听到一个朋友告诉他："结婚十年了，如同新婚，并不是我们之间的爱有多深，只是我有一个小秘诀。"男人催促朋友快告诉他秘诀。

朋友看他的样子笑了笑又说："她做饭时，从背后拥抱她一分钟，让她感觉你在爱她，所以，她做起饭来心甘情愿并且特别快乐；上床时，花一分钟给她讲个幽默小段子，这样，她就觉得你是个有趣的男人，而且她会因你的幽默而兴奋；鼓励她化妆给你看，花至少一分钟看她的样子，尽量脉脉含情地看着她，让她觉得好像是初恋；再花一分钟跟她一起去阳台上看看风景，只要一分钟就可以，她会觉得，你还没有失去最初的浪漫；爱情保鲜就是这么简单。其实，做这些事情根本不会占用你多长时间，况且还是为了你爱的她。"

过了一段时间，男人找到朋友，对他说谢谢，现在他们之间如同初恋，形同新婚。女人也因此而改变了，她做饭时不再嚷着他懒，她也开始注意自己的形象，化妆买衣服照镜子。她总问他："好看吗？"他也总是专注地说："你永远都是我心中的天使。"

一分钟，挽救了他们的婚姻，女人渐渐也懂得了这个道理，她用一分钟时间为男人打领带，虽然男人自己也会打；她用一分钟坐下和男人说足球，尽管她什么都不懂……一分钟听起来是很短，可是你有试过吗？一分钟足足可以说30遍"我爱你"，一分钟虽然短，但它表达出来的爱情却是地久天长的。人的一生中有多少一分钟？抽出你的一分钟给你的爱人吧。

婚姻保鲜绝招

对于女人来说，爱情和婚姻就像是服装和发型，要常换常新，衣服多的柜子里都装不下了，可还是要买。"夫妻一起生活的时间长了，感情渐渐冷漠，摸爱人的手，像自己的左手摸右手，一点激情都没有……"，这是人们在一起，尤其是男人们经常议论的话题。是啊，谁不喜欢新鲜的事物啊？虽然人已在围城里面，可对于城外的靓丽风景，如果没动一点儿心思，那是假的。从新婚伊始那"激情的春天"到结婚几年的"平淡的夏天"再到十几年的夫妻共同面对的"多事的秋天"，婚姻的路可谓是曲折而漫长的，而"审美疲劳"这一众多婚姻中的无奈却无时无刻不像一个可恶的"第三者"跟随在你的身旁，时间越长，对夫妻感情的伤害越大，甚至导致婚姻破裂。所以，夫妻俩在经营婚姻时，一定要不断丰富它的内涵，来维护自己的爱情。

在丈夫上班之前帮他整理一下西装，帮他将一将不太听话的头发。小小的细节同样也会让他备感温暖，当你这些细节成为习惯的时候，他就离不开你了。

记住属于你们的每一个特殊的日子，并且和他一起庆祝。这件事不一定非要男人来做，女人的庆祝方式，会更加贴心和浪漫，看着他被你的温情爱意所感动的时候就是你最幸福的时候。

把"亲爱的"作为你的口头禅。无论是下班回家，还是修理电器、水龙头，别忘了拥抱他，告诉他"亲爱的辛苦你了"，让他感受到你的感谢。

给他足够的自由。在他想安静的时候，悄悄地走开。据说男人都有"穴居期"，当他们有问题的时候，习惯于独处以安静地梳理思绪，这个时候，千万不要去表达你的关心，由此，他会更加感激你的体贴，珍惜你的安静。

每时每刻都保持自己的优雅，每个人都希望给别人一个好的印象。那么为什么不能给爱人一个赏心悦目的感觉呢？尽可能创造条件，使自己真正成为对方眼中名副其实的"西施"，完善自我就是在完善婚姻。但也不要忽视了他，让你们始终都做朋友眼中的一对璧人。对自己没有信心的女人，永远都不可能给予别人安全感。所以，不要害怕他的魅力与风度会让小女生着迷。

不要对他提出太高的要求。不求最好，才能真实地爱一个人。世界上本来就不可能有最好的东西，更何况爱情这种极富主观的感情岂能用标准来衡量？"弱水三千，只取一瓢"，每一个成婚或即将成婚的人都应懂得这个道理。婚姻的真谛应该是在决定成婚时，明知可能会有更好的人出现，但是，此时此地此生，我就选择了你。不求最好，才能平静而坦然地接受所爱的人。这种爱，平淡而深沉，质朴而纯洁，宁静而致远。这种爱是最实在的，也唯有这种爱才可以伴你走过人生的风风雨雨。

用欣赏的眼光去看待你的他。相爱的人，只有学会欣赏，爱才可能长久。学会欣赏，是一种爱的艺术。"横看成岭侧成峰，远近高低各不同"，对于爱人，则也应学会多角度欣赏。欣赏对方，在很大程度上是对细节的品味。夫妻之间惊天动地的感情毕竟是少数，更多的则是平凡的生活。这就需要我们用心去品味，只有真诚的欣赏，你才能从丈夫送给你的小礼物中体会到他用情之深。

爱也需要感恩。爱情之花不会永远鲜艳。婚姻，被比喻为埋葬爱情的坟墓。一堵城墙包围下，让爱情慢慢地窒息。曾经恩爱的两个人，走进了一个共同的堡垒。近距离的接触中，对方的不足被无限放大。我们的爱情少了一份感恩。我们没有想过用感恩的心，用博大的胸怀去理解包容对方。对方所做的一切，对方的柔情蜜意，似乎都是理所当然。你不会为对方给你沏茶而道谢，更不会为对方盛上的飘香饭菜给予感激，一切都是那么的顺其自然。少的只是你的感恩，而恰恰是因为少的这一点点的感恩，足以让我们的爱情疲惫不堪。距离在咆哮争吵挑刺中渐渐拉开，那一份曾经浪漫无比的爱情，已经随着昔日玫瑰的凋谢而枯萎。这时，感恩就是婚姻的保鲜剂。

保护你的婚姻

在商界有句话："创业难，守业更难。"爱情中也有一句话："相爱容易，相处难。"这两句话都是指在取得成功后，想要在成功的基础上跃进是非常不容易的事。婚姻，作为一个名词概念，它既是责任的承担，又可以理解为爱情的最大收获，从恋爱到结婚好像是经历了一场长跑达到了终点，但从婚姻到终身相守还有更漫长的沙漠之行，缺少了水分和营养，你将迷失在这片荒原之中，所以，用你的激情去创造最鲜活的生命力吧！

不因婚姻埋没自己

就算是在现代社会之中，也有许多人因为婚姻而放弃了自己，但是生活在 20 世纪初的林徽因却没有，她深深地热爱着建筑事业，她不仅帮助梁思成完成了中国人自己编写的第一本建筑书籍《中国建筑史》，并且她还无比深沉地热爱着祖国，战争时期并没有选择逃离，而是用自己的一生谱写了一首自己的诗歌；她也并没有被简单的冠以梁夫人的称号，她为自己而活。那么处于现代社会的我们呢？

在这个复杂多变的社会，女人到底应该处于一个什么样的地位呢？一百个人，恐怕就会有一百种说法。其实，最重要的是女人自己的感觉。每个人有每个人的选择，有的愿意为家人付出一切，既要事业，也要家庭。家人的欢笑、舒心以及事业上的进步，就是她最大的幸福。

一直以来，有一句话始终在无形地约束着女人："一个成功的男人背后，一定有一位伟大的女性。"正是基于这样的认识，于是很多女人就果断地选择了自我牺牲，选择了依靠男人来实现其自身价值，凭借丈夫的光辉来照亮自己。但是，这种自我牺牲换来的又是什么呢？失去了自我的女人，就真的可以靠丈夫来实现自己的价值吗？

所以，生活中总有一些女人在口口声声地诉说着自己的不幸，但是与此同时，只是在原地等待奇迹的出现，并没有去争取属于自己的新生活。女人不管是做了妻子也好，做了母亲也罢，都必须活出自己的价值。

一个女人，如果想要活得很真实、很精彩，必定在生活中自由自在地挥洒，并且勇于选择和承担生命的责任。人生要精彩一点，生活才能丰富一点。

一个女人拥有绝佳的生命力以及智能还有内涵完全胜过华丽的外表。她的一颦一笑，一举手一投足，都充满了动人的神韵。她可能没有显赫的头衔，也不一定开着豪华轿车、戴着名贵珠宝，也不必有多么高的头衔，最重要的是她活出了自己的精彩，也活出了属于自己魅力的人生。

我们也曾经抱怨，由于我们是女人。为人妻为人母，我们柔弱的肩膀，不仅需要扛起事业，还要扛起家庭；我们所取得的每一分成绩，都要付出至少比男人多一倍的艰辛，耗费数倍的代价。既然性别我们没有办法改变，我们就要努力使我们成为自己。

女人不可以再压抑自己了，因为女人并不比男人差，所以，女人也应该有自己的事业，有自己的理想，也应该为社会发展做出我们的贡献，从而体现自己的价值；许多事例都说明没工作的女人和丈夫之间会有很大的隔阂，现在时代不同了，以前的传统的女人可以不养家，也无所谓在事业上能否有所成就，但是现在，女人不可以不工作，不只是为了自己爱的男人不那么辛苦，为了保障自己在男人心中的地位，更是为了自己能够自力更生，因此，女人更应该工作！

一个女人可以勇敢去冒险，并且不向生命妥协，不向命运低头。无论是守着边缘的位置，抑或是处于主流的位置，都能够在漂泊和安定的生命中，去体悟人生、了解人生、分享人生、探索人生。其实，你自己本身就已经是一种精彩，并且是一种极其美丽的精彩。

抬起头，男人女人面对的都是同一片蓝天。以女人之长去扎自己的根，开出属于自己的花，结出属于自己的果，去收获一个和男人一样的斑斓的秋天。

要相信，女人也能够活出自己的价值！每个女人都能够在自己的生命里，展现不同的精彩、不同的美丽，所以，就让我们对自己的生命负责，在活出自己精彩的同时，也活出属于自己的价值。

第九章

优雅的仪容举止体现魅力

也许是我们太过忙碌，忽略了嘈杂的街市也会有清新的风景，又或许是我们在修炼的过程中，总是欠缺了一些什么重要的片段。或许，人生需要留白，残荷缺月也是一种美丽，粗茶淡饭也是一种幸福。生活原本就不是乞讨，所以无论日子过得多么窘迫，都要从容地走下去，不辜负一世韶光。

——林徽因

女人要有优雅的气质，在时代的潮流中，林徽因以她独特的艺术家气质，在文学领域始终保持着一种与众不同的韵味。她身上的优雅，是她内在修养与学识的外在表现，那是生命哲学之光照耀下迸发出来的智慧的火花。她广博的修养和深邃的情愫，使她多出了一份经过沉淀之后的宁静和淡然。

优雅的举止衬出绚丽多姿的人生

　　林徽因是一个知书达理、娴静优雅的女性，在有她参加的沙龙聚会中，她总是最吸引人的那个。在现代，女性需要具有礼仪风范和修养内涵，这是当下每个精致女人必备的能力之一。

　　学礼仪修炼优雅女性、知礼仪传播文明理念、讲礼仪美化国家形象、懂礼仪促进社会和谐。礼仪与修养是现代都市女性素质的综合体现，它不但能够丰富女性的人生，也可以让女人的人生更具光彩和意义。我们可以说俊朗的外表、姣好的面容是先天性因素，因为那是母亲给的，我们无法改变，但是优雅礼貌的行为和修养却可以通过后天来获得。大多时候，通过后天的努力就可以弥补先天的不足。如果你想更有魅力地去吸引别人，那就去提高自身的礼仪和修养吧！

　　举止礼仪并不是由于某个单纯的个人而产生，也不是法律规定出来的，而是被大多数人通过实践并被充分认可的。它主要是通过人的肢体、器官的动作以及面部表情的变化，来表达思想感情的语言符号。通俗地讲就是举止行为，但是在心理学上则被称为"形体语言"，主要是指人的肢体动作，属于一种动态美，是风度的具体体现。在某种意义上，丝毫不亚于口头语言所发挥的作用。人们在交谈中，一个眼神，一个表情，一个微小的手势和体态，都能够准确地表现出人真实的态度。并且，举止所发出的语言信息与口头语言相比更具有含蓄、模糊的作用，能够给人们以朦胧美的感官享受。

举止行为能够在很大程度上反映出一个人的素质、受教育的程度以及能够被别人信任的程度。在社会交往中，一个人的行为既可以体现他的道德修养、文化水平，又能够表现出他与别人交往是否有诚意，更关系到一个人形象的塑造，甚至还会影响到国家民族的形象。优美的举止就像是漂亮的服装一样，能够起到装点门面的作用。假如一个人可以把优美的举止与内心世界的良好修养结合起来的话，那么，这个人的人生注定就是不平凡的，周围的朋友也必定非池中之物。

具有优雅举止的人在公众中通常都有强大的感召力，甚至还能够产生一种魔力。冰冷生硬、懒散懈怠、矫揉造作的行为，有损良好的形象。相反，从容潇洒的动作，给人以清新明快的感觉；端庄含蓄的行为，能够给人以深沉稳健的印象；坦率的微笑，就会使人赏心悦目。一个风度翩翩的男子，不但在男人群里具有很大魅力，并且对异性更具有吸引力；一个风姿优雅的女人所起的效应该比男人的要大得多。因此，在社交场合中，举止是否优美、得体就显得非常重要了。

做个"亭亭玉立"的女人

优美的举止其实并不是天生的，优雅的举止或动作的基本功就在于姿势。我们既然了解了它，就应该积极主动地参与形体训练，掌握正确的举止姿态，矫正不良习惯，然后达到自然美与修饰美的最高境界，从而成为一个真正优雅的女人。

优雅美的第一步就是要学会优雅的站姿，"亭亭玉立"的女人总能够给人无限遐想，在一个人没有开口说话的时候，站姿就表现了她内在的精神。因此，想要做一个优雅的美女，就一定要站出素质、站出品味、站出魅力、站出骄傲如梅的神情。

正确的站姿：首先，就是沿着中心线平衡分体重于双脚，从而达到体重与姿态的平衡。中心线是指从头部中心延伸经过颈、肩、臀、膝以及脚底的线条；其次，平肩、直颈、下颌微向后收，然后两眼平视。双手自然下垂，手臂自然弯曲，双腿要直，膝盖放松，大腿稍微收紧；然后，双脚并齐，两脚跟、脚尖并扰，身体重心落于前脚掌；伸直背肌，双肩尽量展开微微后护，挺胸；最后，双脚并齐，脚跟、脚尖并扰。以上就是女人应该具有的正确站姿。

现实生活中，有一些女孩一点儿也不在意自己的站姿，站立的时候总是僵直身体，胸部过分凸起；抑或是弯腰驼背，躯体肌肉紧张度不够；又或是背部下凹或脊柱前凸，腹部鼓起；或垂肩，脊柱后凸、背部下凹及垂肩，脊柱侧凸。不正确的站姿经常会造成脊柱弯曲、腰肩不正的毛病，不但影响整个人的美观，并且也对自身的健康也非常不利。

优雅女性的正确走姿

有人常常说："我走过的路比你过的桥还多"，但是是否有人会对此产生疑问："走了那么多的路，你会走路吗？"相信还有许多人都会说："走路有什么难的，只要没有生理上缺陷，谁不会走路啊！"但是事实上，就算是你从一岁的时候就学会了两条腿横行地球，但是你也未必真会走路。人行走总比站立的时候多，并且通常又都是在公共场所进行的，人与人相互间自然地就构成了审美对象。人们常常把正确而富有魅力的走姿视为一首动人的抒情诗，把那些拥有美丽走姿的女人称为是天生尤物。

行走的姿势也是颇为重要的，正确的走姿，不但能够体现一种动态美，并且还可以体现一个人的风度和韵味，更能够显示出青春的魅力。走路的时候步态美不美，主要是由步度和步位决定的。假如步位和步度不合标准，那么全身摆动的姿态就失去了协调的节奏，那样的话也就失去了自身的步韵。因此，女性正确的走姿是：

首先，走路的时候，上半身不要过于晃动，自然而又均匀地向前迈进，跨步均匀，两脚之间相距为一只脚到一只半脚。这样的走路姿态，不疾也不缓，就会给人如沐春风的感觉，可以称得上是仪态万千；其次，两手前后要自然协调地摆动，手臂与身体的夹角通常要保持在10°～15°，美观并且可以给人留下活泼的印象。假如手上持有物品，比如手提包等，应该把大包挎在手臂上，小包拎在手上，背包应该背在肩膀上。走路的时候身体不能左右晃动，以免阻碍到他人行动。雨天拿雨伞的时候，应该把雨伞挂钩朝内；穿高跟鞋走路的时候，应该把脚跟稍微向上抬一点，缩小步幅，用脚尖来走就会看起来很美观。要注意，因为穿高跟鞋走路的时候鞋底会常常发出踢踏声，这种声音在不管在什么场合都是不文雅的，很容易干扰他人，尤其是在正式的场合，还有人较多的地方，特别需要注意尽量不要在走路的时候发出太大的声响；女性在走路的时候，不应该左顾右盼，经过玻璃窗或镜子前，不要停下梳头或补妆，还要注意尽量不要三五成群，左推右挤，一路谈笑，这样不仅有碍于他人行路的顺畅，并且看起来也不雅观。在行进过程中，假如有物品遗落地上，不要立刻弯腰拾起。正确的姿势是，先绕到遗落物品的旁边，蹲下身体，然后单手把物品捡起来，这样就可以避免正面领口暴露或裙摆打开等不雅观的情况出现。总而言之，"以胸领动肩轴摆，提髋提膝小腿迈，跟落掌接趾推送，双眼平视背放松"。记住这几句话你就能够成为一个"S"美女。

良好坐姿体现你的良好风范

坐姿通常是指人在就座以后身体所保持的一种姿势。正确的姿势是：把自己的臀部置于椅子、凳子、沙发或其他物体上，以支持自己身体重量，双脚则需要放在地上。优雅的坐姿可以传递着自信、友好、热情的信息，同时也能够显示出高雅庄重的良好风范，要符合端庄、文雅、得体、大方的整体要求，而并不是一副懒洋洋的模样。

正确的坐姿不仅有利于身体健康，也能够培养出人类的优雅气质。想要成为一个优雅女人就应该注意：入座的时候要轻柔和缓，起立的时候要端庄稳重，不可以弄得座椅乱响，就座的时候不可以扭扭歪歪，两腿过于叉开，不可以跷二郎腿，如果跷腿的时候悬空的脚尖应向下，切忌脚尖朝天。坐下后不要随意挪动椅子，切忌腿脚不停地抖动。着裙装入坐的时候，一般应该先用双手拢平裙摆，随后再坐。正式场合与人会面的时候，10分钟内不可松懈，不可以一开始就靠在椅背上。就座的时候，通常至少要坐满椅子的三分之二，不能坐满椅子，但是也不要坐在椅子边上，因为，这样的话身体就会显得过分前倾。

此外还需要注意的是，假如椅子较高，上身依然要保持正和直，就可以翘起大腿坐，左腿微向右腿，右大腿放在左大腿上，两小腿紧靠，双腿平行，脚尖指向地面；如果椅子不太高，大腿和身体构成的角度小于90度，可以交小腿而坐。其坐法就是两膝盖并拢，互相靠紧，右小腿向前，左脚尖靠右脚跟外线；如果椅子不高不低，你可以用曲线型的坐法，其坐法是双膝并拢，两腿尽量向后左方，让大腿和你的上半身构成90度以上的角度，然后再把右脚从左脚外面伸出，使得两腿的外线相靠，这样你的身体便成为一个"S"形，不仅雅致，并且还可以显得性感而美丽。

微笑是最完美的礼仪

众所周知的蒙娜丽莎的微笑一直以来就深深地打动了很多男人的心。一种真正的微笑，一种令人心情温暖的微笑，比语言更具有力量，微笑的含义就是："我喜欢你，跟你一起很开心，见到你我很高兴。"同时，微笑也是一种艺术，作为礼仪的笑容应该是美好、自然的，常态下的微笑能够让人感觉亲切舒适。

微笑是一种美丽，也是一种博爱。保持一个微笑的表情、谦和的面孔，是表示自己真诚、守礼的重要途径。微笑是有自信心的表现，也是对自己的魅力和能力抱积极的态度。微笑能表现出温馨、亲切的表情，可以有效地缩短双方的距离，给对方留下美好的心理感受，从而有利于形成融洽的交往氛围。面对不同的场合、不同的情况，假如能够用微笑来接纳对方，就可以反映出你良好的修养和挚诚的胸怀。微笑是最美的礼仪之花，主要是因为微笑使人们的心灵变得更加丰盈，使人们的生命变得更加富有。

微笑，是一个女人富有内涵与尊严的象征。在交际的过程中，对熟识的人微笑，可以表示你的诚意；对素不相识的人微笑，可以表示你的随和；对曾经言语刺伤过你的人微笑，能够表示你的宽容。当进退两难的尴尬场面出现的时候，女性就需要善用微笑去冲淡这紧张的气氛，从而取得周旋的余地，然后把握住主动权。

有时微笑能够代替语言。因此，笑的时候需要口、眼、鼻、眉、肌结合，做到真笑。发自内心的微笑，就会自然调动人的五官：眼睛略眯起、有神，眉毛上扬并稍弯，鼻翼张开，脸肌收拢，嘴角上翘，唇不露齿。只有做到眼到、眉到、鼻到、肌到、嘴到，才能够表现得亲切可人，从而打动人心。女性的微笑就是最好的介绍信，它不仅可以传递热情，还可以给人们送去温暖。

女性的穿衣技巧

独具气质的林徽因在穿衣上面也有所注重，怎么穿才能穿出自己的独特气质呢？女人做事情通常都是凭着自己的直觉，购衣、穿衣更是如此。只不过在之后总是免不了要后悔。那么你想成为穿衣的高手吗？在漂亮衣服的面前，能够进行冷静的判断、理智的分析是极其重要的。在此，我们专门为你准备了穿衣服的 19 个忠告，希望这些方法能够帮助你既省下银子，又赢回面子。

（1）由浅入深，穿衣共有三个境界：第一个是和谐，第二个是美感，第三个是个性。

（2）聪明、理智的你买衣服的时候可以根据下面三个标准选择，不符合其中任何一个的都不要掏出钱包：你喜欢的、适合你的、你需要的。

（3）经典很重要，时髦也很重要，但是切不能忘记的是要有一点匠心独具的别致。

（4）衣服和丈夫一样，适合自己的就是最好的。

（5）不要太注重品牌，这样通常会让你忽视了内在的东西。

（6）衣服可以给予女人许多种曲线，其中最美的仍然是 X 形，可以衬托出女性苗条、修长的身段，显得女人味儿十足。

（7）应该多花些时间和精力在服装的搭配上，不仅能够让你以 10 件衣服穿出 20 款搭配，并且还能够锻炼自己的审美品位。

（8）就算你的衣服不是每天都洗，但是也要在条件允许的情况下争取每天都更换一下，两套衣服轮流穿一周比一套衣服连着穿 3 天会更加让人觉得整洁和有条理。

（9）选择精良材质的保暖外套，里面则穿上轻薄的毛衣或衬衫，这样的国际化着装原则将会越来越流行。

（10）绝对没有所谓的流行，穿出自己的个性就是真正的流行。

（11）不管是在色彩还是细节上，相近元素的使用尽管安全但是却不免平淡，适当运用对立元素，巧妙结合，就会有事半功倍的美妙效果。

（12）优雅的衣着有味道，但是对于成熟的都市女子来说，最根本的是高贵和冷静。

（13）时尚发展到今日，其成熟已经体现为完美的搭配而并不是单件的精彩。

（14）闪亮的衣饰在晚宴和 Party 上将会永远风行，但是全身除首饰以外的亮点不要超过 2 个，不然的话还不如一件都没有。

（15）一件品质精良的白衬衫是你衣橱中不能缺少的，没有任何衣饰可以比它更加千变万化。

（16）每个季节都会有新的流行元素出台，因此，不要盲目跟风，反而就会失去了自己的风格。关键是购买经典款式的衣饰，耐穿、耐看，同时还要加入一些潮流元素，这样才不至于太沉闷。

（17）黑色是都市永远的流行色，但是假如你脸色不是太好那就最好避免，加入灰色的彩色既亮丽又不会太跳，这是最合适的选择。

（18）寻找适合自己肤色的色彩，一定要注意服装是穿在自己身上的，而不是白色或者黑色的模特衣架。

（19）重视配饰，衣服只不过是第一步，在预算中留出配饰的空间，那些认为配饰可有可无的人是没有品位的。

尊敬人的打扮

一个女人是需要好好为自己打扮一番的，林徽因可以说很好地理解了中国美，她认为作为一个女人应该好好地爱自己！自己的美应该得到尊敬，每个女性都有追求美丽的权利，美丽也是一种自我的肯定。

一般人很容易就把口红涂得干乎乎的，不匀称，不饱满，看起来一块块的，深深浅浅的。原因有很多，多半是由于涂了不脱落唇膏的缘故。口红的颜色之所以不易脱落，就是因为其中几乎不含油分，这样色彩就能够黏着在嘴唇上，颜色就不会流动。但是此时涂出的口红很干，颜色不匀不说，那种不滋润不水灵的样子，实在是很不讨人喜欢的。

弥补的方法有两个，一是在抹口红前可以先涂一层润唇膏，二是在抹完口红以后，上一层油性较足的唇彩。当然也有人用油性的普通口红。但是这种唇膏也有缺点，就是颜色容易流动，口红就会溢出来。弥补的办法就是在抹完比较油性的口红后，再轻轻压一点薄粉，就可以固定妆容了。化妆并不是一次了事的，懂得时时补妆的女人才是最令人可喜的。尤其是参加宴会，一定要注意口红是不是给吃掉了，一定不要让自己脸容看起来眉清目秀，但是嘴唇却惨淡无比。

粉底也是极为重要的。尽管现在的女人已经很少有人把一张脸涂成墙纸，但是盲目地把自己当成西施，只是淡淡地扫上一层粉也是很有问题的，透明妆并不是这样的。更何况通常人的脸上都会有瑕疵，如果不稍加遮盖是很难成为美女的。

其实许多明星，看起来肌肤清澈，白里泛粉，这都依靠于非常细致的打粉底。一般情况下，都是上了好几层不同色号的粉底。尽管粉底打得很厚，但是由于色彩调和得和天然的肌肤十分相近，反光度也把握得很好，因此肌肤看起来才会很通透，很有光泽。一般女人在打粉底的时候也总是会有一个误区，总是对嘴角、鼻翼还有眼窝这些地方加以特别的护理，然后拼命用明黄等浅色粉去遮盖。

事实上，加了那么厚重的粉，这些部位的细纹同时也给特别显现出来了，反而不美了。有一个办法，那就是使用一些有反光度的粉底，在视觉上提亮它就可以了。

化妆其实是有品位高低的。事实上，高品位的化妆却并没有一个固定的样式，要做一个完美女人，只需要记住一些基本原则就可以了：搭配感——妆容是需要配合衣服的，衣服也是衬人的，脸、头发、服装、个人气质，都是互相体现的，所以就需要相互协调，不能出现南辕北辙的情况；颜色感——不管是画眼影、打胭脂、抹口红，都不要简单地只选用一种颜色，要有把自己的脸当作是油画来经营的决心，油画都是用一层层颜色堆叠上去才能够获得饱满丰富的画面的。化妆一定要注意尽量多使用色彩的渐变；时节感——最简单的就是要注意春夏秋冬季节的变化，就好像说今年的秋冬，服装流行裘皮、黑白、格子图案还有蕾丝花边等，就要注意需要使用一些棕、黑，还有一些将要流行的绿色系色彩，一定不能来个春夏的粉红娇俏。

化妆是有流行感的，就像是原来大多使用对比色，把蓝绿色和橘黄色进行大胆相配，妆面就很出挑。但是现在比较流行同色系搭配，把色环上相近的颜色，比如紫、粉色等配在一起，这样看起来就会十分柔和。

主题感——这是非常取巧的化妆法则。选择自己有魅力的部位，或者眼睛，或者嘴唇，突出装扮一处。一定不能够把自己的脸画得像哥特式建筑那样，每一处细节都华美，这会搞得脸上锣鼓喧天的。

说起买化妆品，很多女人都喜欢进口产品，美国的、法国的，一看产地就觉得一流。但是也有人反对，说只有日本的妆品才适合东方人的肌肤。事实上，化妆品的选择就好像找饭店吃饭，只要合自己的胃口就可以了，这完全是因人而异的事情。很多人都看不上本土化妆品，就好像价格低廉，就把本土妆品的品质也在无形中降低了。其实善于用本土妆品的女士，才可以称得上是高手级的人物，那就和把一件国产衣服穿出顶尖名牌的感觉是一样的。国产的化妆品中，不乏非常出色的，只有真正懂得的人才会用。

女人的仪表仪容，是赢得人心的关键 _____

　　一个仪容仪表得体的女性，才能吸引更多的人注意，她的风采和气质才能完美展示。林徽因就是一个仪容仪表的典范，无论她的着装、妆容，还是落落大方的气质，都让人眼前一亮。

　　仪表，指的是人的外表。通常来说，它包括人的容貌、服饰和姿态等，是一个人的精神面貌、内在素质的外在体现。容貌端正，举止大方；端庄稳重，不卑不亢；态度和蔼，待人诚恳；服饰规范，整洁挺括；打扮得体，淡妆素抹；训练有素，言行得当……这些都是对仪表的要求。仪表在人们参与社交的过程中是不可轻视的，它在很大程度上影响着一个人的社交活动的效果。心理学研究显示，人们比较重视和不相识的人第一次见面后所形成的直观感觉，并且这种感觉的效果的优劣会直接影响到交往是否继续进行。所以，端庄、整洁、美好的仪表，不但能够给人留下深刻而美好的第一印象，同时也可以作为交际活动的基础。

　　仪容一般指的是人的容貌，甚至是包括没有被衣服遮住的身体的部位。常常会听到一些女性朋友说："都是有孩子的人了，还有什么好讲究的，再说，哪有那么多时间啊？"还有人说："老都老啦，还在乎什么形象。"事实上，讲究仪容也是为了自己。通常来说，女性生育之后很有可能就进入关注仪容仪表的倦怠期，这个时候，女性修饰、化妆的时间常常被挤掉。其实你不需要花太多时间，用几分钟就能够把自己的头发梳好，使衣饰整洁，必要的时候简单化个淡妆就行了。做到仪容整洁是最基本的文明礼仪，也是自爱和敬业的表现。仪容在人际交往中表现出的意义常常胜过语言，可以透射出一个人的修养和内在品质，甚至是个人所代表的家庭、单位、城市等更深层的内涵，因此，一个人的修养的好坏其实是十分重要的。

　　仪容和仪表是向外展示个人素质的第一步。仪容仪表从穿着、言行等方面反映出一个人的素质，它并不要求雍容华贵，只要求简单朴素；不要求高雅脱俗，只要求仪态大方；仪容仪表可以表现一个人的品格，注意自己的仪容仪表是每个女人都应该做的；良好的仪容仪表不但能够增强个人的自信心，同时也可以向外界展现了个人的修养。

正确的着装才能体现仪表美

　　得当的着装体现了个人的品位，因此也可以说，它不但是一门技巧，更是一门艺术。站在礼仪的角度来看，着装是一门系统工程，它并不仅仅单指穿衣戴帽，更重要的是指由此而折射出的人们的教养和品位，与此同时，注意着装也是每个事业成功者的基本素养。注重个人着装的人才能够给自己增加交际魅力，从而给人留下良好的印象，使得人愿意与其深入交往。那么，除了整齐、整洁、完好的着装要求外，着装的时候还应该注意什么原则呢？

　　首先，着装的时候要讲究文明大方。在正式场合，切忌穿过露、过透、过短和过紧的服装。身体部位的过分暴露，不仅有失自己的身份，并且也会失敬于人，使他人感到多有不便；其次，是要搭配得体。要求着装的各个部分能够相互呼应，精心搭配，尤其是要恪守服装本身以及与鞋帽之间约定俗成的搭配，在整体上要尽可能做到完美、和谐，展现着装的整体之美；当然，个性也是少不了的。着装要适合自身形体、年龄、职业，扬长避短，并且在此基础上创造和保持自己独有的风格，也就是在不违反礼仪规范的前提下，在某些方面可以体现与众不同的个性。着装的时候这三条原则是务必要遵守的。

职业女性仪表修饰要求

职业女性在修饰仪表的时候，一定要符合本人的个性、体态特征、职位、企业文化、办公环境、个人爱好等；穿着打扮上也应该灵活有弹性，要学会如何搭配衣服、鞋子、发型、首饰、化妆，从而使得整体完美和谐。最终被别人称赞，应该夸你漂亮而并不是说你的衣服好看或鞋子漂亮。着装一定要大方得体，用简单的线条、雅致的色调、简单的装饰，来表现女性的高雅不俗。

职业套装是不错的选择，因为套装是最能够展示职业女性魅力的服装了。要以套装为底色来选择衬衣、毛线衫、鞋子、袜子、围巾、腰带和首饰。每个人的肤色、发色、格调不同，因此适合她的颜色也不同，要尽量选择一些合适自己颜色的套装，然后再依据套装色为底色选配其他小装饰品；假如是在非正式的场合，那就可以适当装扮得轻松活泼一些。

总而言之，着装可以选择自己喜欢的样式，颜色也可以随自己的喜好，选择或淡雅或热烈的色调以此来突出自己的个性，一切以适合自己的为原则。

不同的场合的着装礼仪

不同的场合需要穿着不同的衣服，一切都应该以最佳的状态、最时尚的穿着方式亮相，这些是每个女性都在追求的目标，但是并不是每个女性都能够把握好，不同场合的着装礼仪需要注意以下原则：

初次约会的时候应该注意：第一次约会，穿着最好保守常规一些，只要能够恰当显现你柔美的女性气质就可以了。着衣风格不要太大胆，也不要个性张扬，并且配饰也不要太夸张。

逛街着装应该注意：逛街的时候，着装不一定非要赶时髦，因为街上到处都是流行的服装，多一个你也并不会引起别人的注意，那又何必亦步亦趋地跟着别人走呢？只有在简单而普通的服装上别出新意，然后融进自己的风格，那才称得上是棋高一招呢。通常的规律是：衣服的式样简单大方，线条、款式越简单越好，颜色也以统一协调为准则，这样就能够显得高雅大方。

出入高级会所的时候应该注意：参加高级会所的重要活动的时候，最好提前做好准备工作。尤其在选择服装时，应该注重穿出文化、品位。

办公室着装应该注意：办公室是公众场合，衣着、妆容特别重要。此外，服装不适宜过于短小紧身。服装过于短小，难免有时候会暴露不该暴露的部位；服装过于紧身，就会使女子的曲线一目了然，从而有展示性感、卖弄风骚之嫌。在办公室中得体的穿着装扮是自己性格、品位的一种体现，同时也是对同事还有工作的尊重。

周末着装应该注意：周末是属于自己的时间，所以可以适当打扮得活泼些，或表现无拘无束的自由感，或显示诗一般的意境。在款式的选择上也可以不守常规，既可以依据时尚塑造新潮的轮廓，也可以在传统的服装上进行变化，从而化平淡为神奇，使穿着者能够享受全新的感觉。

参加狂欢 PARTY 的时候应该注意：大体来说，要穿得引人注意，但是也不要太张扬、夸张。内向、不善交际的女性，在颜色上尽量选择鲜亮的色泽；性格外向的女性就可以选择吊带小背心和超短裙的组合，这样看起来就会显得更有活力，也不失性感。

化妆礼仪

女性化妆的目的，就是为了展示自己的良好形象，这样既是尊重自己，也是尊重别人。化妆讲究的是有妆似无妆，化妆之后可以不露化妆的痕迹，让人看不出化过妆。假如浓妆艳抹，像是舞台上的花旦，就会给人留下不好的印象。

女人化妆的时候应该避开人群，不可以当众化妆。当众化妆是十分失礼的，既是对他人的妨碍，也是对自己的不尊重，还会让人觉得你浅薄。有人说："女人当众化妆就相当于当众上厕所。"假如需要修饰的话，就应该到无人处或是在洗手间进行。

当然，最重要的是不可以在男士面前化妆。化完妆是美的，但是化妆的过程则实在不雅观，不但有损自己的形象，更会有卖弄风骚之嫌；假如，发现化妆以后妆面有所残损，就一定要及时修补，如果不修补，就无异于往自己脸上抹黑。

爱美是女人的天性，但是却不能为了美丽而向别人借用化妆品。因为借用别人的化妆品，不但不卫生，并且也不礼貌。

女人天生就爱议论，对于别人的新妆容也避免不了会产生好奇，但是请注意，一定不要对他人的化妆说三道四。因为民族、文化传统不同，个人审美观点不同，又或是肤色上的差异，每个人化妆都不可能一样，因此，一定不可对他人的妆容加以否定。

商务活动中女性的仪表仪容规范

在商务活动中应该以淡妆为主，切忌浓妆艳抹，也不可以一点妆也不化；发式应该保持美观、大方，尤其需要注意的一点就是，女士在选择发卡、发带的时候，式样应该庄重大方；着装要干净整洁。女士在着装的时候需要严格区分女士的职业套装、晚礼服以及休闲服，它们之间有着本质的差别。着正式商务套装的时候，无领、无袖、太紧身或者领口开得太低，这样的衣服都应该尽量避免。衣服的款式一定要合身；假如配了丝袜还有皮鞋，就应该注意丝袜的长度一定要高于裙子的下摆。皮鞋应该尽量避免鞋跟过高或过细；佩戴物品的时候尽量避免过于奢华。

女性求职别小看穿衣打扮

服装其实就是一个人的门面。求职的时候，尽管许多人对自己的才能都充满信心，但是面对招聘者，还是免不了会心慌意乱。其实，我们需要学会包装自己，利用干练得体的外表"造势"，从而有助于面试的成功。因此，在求职的时候一定要针对岗位工作的特点来选择穿着，当你从衣橱取出衣服之前，应该先问问自己，这套服装是不是适合你要应征的工作。

事实证明，人们的第一印象常常是停留在对方的仪表服饰上，所以，选择一套适合自己的服装，说不定就能够给人带来惊艳的感觉。因此，初次见面一定要力争给人以整洁、美观、大方、明快的感觉。不修边幅只会给人懒懒散散的印象。研究表明，面试官对候选人的第一感觉仅仅只有 8% 是看能力表现，此外 37% 是看身体语言所表达的信息，其中高达 55% 就是依据外表和着装，由此可见形象的重要性。并且服装作为形象塑造中的第一外表，所以就成了众人关注的焦点。你的形象就是你自己的未来，在现在这个激烈竞争的社会中，一个人的形象要远远比人们想象的重要，对于招聘面试人员，它就会直接影响你是否能够赢得职位。总而言之，女性求职者一定不要忽略了面试前的穿衣打扮。

女人在用餐时要懂得的礼仪

林徽因生在书香之家，从小接受中国传统教育，对中国的用餐礼仪了然于心，她还在英国伦敦留过学，那里是全世界最注重用餐礼仪的国家，因此对英国的用餐礼仪也非常熟悉。一个女性在用餐时，最能体现出她的仪态是否优雅。

从某种意义上讲，用餐时候的礼仪和修养能够反映出一个人的教养。中华饮食源远流长，自古就被称为礼仪之邦，讲究民以食为天，用餐礼仪自然而然就成为饮食文化的一个重要部分。用餐礼仪由于宴席的性质、目的而有所不同；不同的地区，也是千差万别的。古代的用餐礼仪是依据阶层划分：宫廷、官府、行帮、民间……

使用筷子的禁忌

中国人使用筷子已经有五千多年的历史了，用筷子用餐是从远古流传下来的，古时候又称其为"箸"，远在商代就有用象牙制成的筷子。《史记·宋微子世家》中记载"纣始为象箸"。用象牙做箸，其实也是富贵的标志。做筷子的材料也不同，比较考究的有金筷、银筷、象牙筷，通常的有骨筷、竹筷，以及现在有塑料筷。日常生活当中对筷子的运用是很有讲究的。通常我们在使用筷子的时候，正确的使用方法是用右手执筷，大拇指和食指捏住筷子的上端，另外三个手指自然弯曲扶住筷子，并且筷子的两端必须要对齐。在使用过程当中，用餐前筷子一定要整齐放在饭碗的右侧，用餐后一定要整齐地竖向放在饭碗的正中……因此，一定不要小看这小小的两根筷子，除了以上介绍的方法外，还有许多使用禁忌呢！

在等待就餐的时候，最不礼貌的行为就是坐在餐桌边，一手拿一根筷子随意敲打，抑或是用筷子敲打碗盏或茶杯；在餐前发放筷子的时候，要把筷子一双双理顺，然后轻轻地放在每个人的餐桌前；相距较远的时候，可以请人递过去，不可以随手掷在桌上；并且，筷子不可以一横一竖交叉摆放。筷子要摆放在碗的旁边，也不能够搁在碗上；假如在用餐中途因故暂时离开的时候，要把筷子轻轻搁在桌子上或餐碟边，不可以插在饭碗里；饭桌上最忌讳的就是舔筷子，筷子上沾着菜，用嘴来舔，形象极为不雅；在夹菜的时候，不可以用筷子在菜盘里和来和去，上下乱翻；遇到别人也来夹菜的时候，一定要注意避让，谨防"筷子打架"；最要命的是有人爱舞动筷子，说话的时候，不要把筷子当作道具，在餐桌乱舞，也不要在请别人用菜的时候，把筷子戳到别人面前……这些都是一些很不礼貌的行为，所以一定要注意。

女性喝汤要优雅

优雅的女性每时每刻都在保护她的形象，不管是在身处哪一种用餐场合，喝汤最忌讳的就是发出声音，其实，喝汤的时候要注意把汤先送到嘴边再喝下，这样的话，就不容易发出声音；此外，用嘴巴对着碗直接把热汤吹凉也是不恰当的，因此，喝汤的时候不要把汤匙舀满，特别是第一匙，一定不可太满，因为，这一匙担负有确认汤热度的任务。假如舀得太满，多不易凉，如果分两口吃又会违反礼节，如果一口吞下因太烫而吐出的时候，就当众出丑了。就算是汤的温度适中，舀的时候还是以不超过汤匙八分满为原则，否则也很容易滴落桌面。喝汤应该以45°送入口，喝汤也不可以吸着喝。先用汤匙由后往前把汤舀起，汤匙的底部放在下唇的位置把汤送入口中，最好的方法就是使汤匙与嘴部保持5°的夹角。

喝汤的时候切记一定不要把碗喝干净，快喝完的时候，可以用左手拿起汤盘，往外侧倾斜，再用汤匙轻轻舀起来喝。要注意的是，不要把汤汁喝到一滴不剩，那样就必定会发出汤匙摩擦汤盘的刺耳声音，如果把汤盘整个端起来送入嘴中，更是极为不雅观的表现。

最后，汤喝完后，应该把汤匙放在自己前面的底盘，或是汤碗、汤盘中间，并且汤匙柄应该放在右手边，汤匙正面（即凹陷部分）必须朝上摆放才算正确。在大型宴会中，受过训练的侍者只要看到这种举动，就表示可以收碗了。

女性用餐礼仪"禁忌"

用餐的时候食物塞进牙缝、不小心掉下刀叉，甚至在菜肴中见到"异物"等情况都是时有发生的，但是这些都是尴尬的情况。假如处理不当就会给人没有礼貌的感觉，更糟糕的还会影响别人的食欲。要想处理得体，就应该留意用餐礼仪的"禁忌"。

参加宴会的时候一定要避免涂过浓的香水，以免香水味盖过菜肴味道；用餐前应该先把口红擦掉，以免在杯或餐具上留下唇印，给人一种不洁之感；用餐的时候不要讲笑话，为了调节用餐气氛，有人常常会说一些笑话，比如啤酒是马尿、屎壳郎搬家等，这会使就餐者听后倒胃口。不但影响用餐者的食欲，并且还是一种不文明的表现；避免在餐桌上咳嗽、打喷嚏、怄气。万一没能忍住，就应该说声"对不起"；不应该在用餐的时候吐东西，如果遇到太辣或太烫之食物，可以赶快喝下冰水进行调适，实在吃不下的时候就到洗手间处理；菜肴中有异物的时候，一定不要花容失色地告知邻座的人，以免影响别人的食欲。应该保持镇定，立刻用餐巾把它挑出来并弃之；食物屑塞进牙缝的时候，不要一股脑儿就用牙签把它弄出，应该喝点水，试试看情况能不能改善。如果不行，就应该到洗手间处理；刀叉、餐巾掉在地上的时候不要随便趴到桌下捡回，应该请服务员另外补给；当然，优雅的女人在出席隆重晚宴的时候是从来不戴帽子的，同时高筒靴也不可以穿，毕竟那是宴会。

女性办公室用餐礼仪

在办公室工作的女生，在办公室中用餐是一种常见现象。在办公室中，与同事一起进餐是件非常方便、愉快的事，但是你也不要忽略一些小节，破坏了你在同事中的良好形象。

（1）用餐后要及时把餐具洗干净，如果是一次性餐具应该立刻扔掉，不要长时间摆在桌子或茶几上。

（2）开过口的饮料罐，长时间摆在桌上就会有损办公室雅观，也应该尽快扔掉。假如不想立刻扔掉，或者想等会儿再喝，那就把它放在不被人注意的地方。

（3）在办公室吃食物的时候尽量不要发出声音，以免影响他人，假如食物掉在地上，要立刻捡起扔掉。餐后把桌面和地板打扫一下，这是必须的。

（4）不要把有刺激味道的食品带进办公室。或许你的同事会不习惯，并且其气味会弥散在办公室里，这样是有损办公环境和公司形象的，当然，你的优雅形象可能就会因为这一次，就荡然无存了。

（5）在办公室吃饭的时候一定要快。他人可能随时都会进入工作状态，也可能有性急的客人来访，那样双方都会感到不好意思。

（6）包包里应该时刻带着餐巾纸，吃过饭后不要用手擦拭油腻的嘴，应该及时用餐巾纸擦拭。嘴里含有食物的时候，不要贸然讲话。他人嘴含食物的时候，最好等其咽完后再和他讲话。

约会用餐礼仪

心仪的男士邀请你共进晚餐，是多么令人开心的事啊，但是你是否知道约会的时候用餐也有许多讲究呢？恰到好处用餐礼仪或许会让他怦然心动，他又怎么能够不暗暗为你加分。为了使约会内容更丰富、约会结果更圆满，女士们不妨学一学就餐的礼仪吧！

答应对方的邀请后，就应该按时赴约，不应该有故意让人等的心态；但是假如临时有事要迟到或是取消约会，就一定要事先通知对方。赴会的时候稍迟是可以接受的，但是如果超过十五分钟就会给对方不重视约会的坏印象。

进入餐厅后，餐厅侍者都会过来送菜单，但是，这个时候作为女生的你不可以径自点菜。合理的做法是请男伴建议，或向男伴透露自己想吃些什么，然后再由男方向服务人员点取。女士不适宜径自点菜的理由，最重要的是让男方可以有充分的主动权来掌握自己的预算。因为有时候男方口袋中并没有准备太多的钱，女士径自点了自己想吃并且价格昂贵的菜，万一结账的时候男方付不出来，场面岂不尴尬万分？并且，由男士负责安排约会用餐的内容，也可以突显出女士是被男士所尊重、照顾的。

一般在男性问及女性想要吃什么的时候，大部分女子都会以"随便"作答，这在约会中是很不好的。为了表现出自己有主见女方应该说明自己想点的是什么，就算是其价格超过了男士的预算，他也会改用其他的建议，假如你有心思的话很快就可以意会他的意思。

开始用餐了，请记住，你是一个淑女，为男士倒酒或拿毛巾、夹菜一类的服务肯定不是你要做的。因为在西餐中这些工作应该全由服务人员来做；但是中餐之中，就是男士向女方献殷勤的机会，女方假如反其道而行，不仅不能够赢得赞美，还会引起男伴的怀疑你是否从事过为别人服务的行业。因此，以免误会，也为了你的形象，一定不要去做那些出力不讨好的事情。

关于餐巾纸的使用也有一点小知识，用餐前以餐巾角轻印嘴唇，这样就可以减淡唇膏留在杯上的痕迹。喝水、酒的时候尽量固定一个位置喝，以免整个杯口都布满唇印。离席的时候，可以把餐巾放在椅子上或桌上，要把干净的一面向外，这才是一个真正的淑女做法。

女人必知的西餐礼仪

西餐是那么众多饮食形式中的一种。当今人们对吃喝的理解已经不只是维持生命的一种手段，而是重在享受，同时也是一种交流方式。西餐因为选材用料、烹饪方式和进餐方式决定了在各方面都要求具有一定的基本规则和礼节。为了使宾客都能够愉快顺利地用餐，就必须了解其中的规范和道理。在这里需指出的是，这些规范并不是一些死板的教条，它是为目的而服务的，而"享用西餐，当个内行人"就是我们的宗旨。

在进食汤类食物的时候，应该避免发出向嘴里抽吸的声音，假如汤的温度较高，就可以稍等片刻再享用，不可以举碗直接倒入口中；食用面包的时候，不可以用面包蘸盘子里的汤（尤其是有身份或讲究的女士更要避免此种举动）；面包要放在专用的小盘里或者桌布上，不应该放在你进餐盘的盘边；用黄油抹面包，在一块小的面包上抹上少许黄油，用手掰食用，一定不要用刀去切或者用牙去咬；面包只在进汤或头盘菜的时候食用；假如不想饮用葡萄酒，就可以客气地说："我不喝酒，谢谢。"不要用手盖住杯口；谈话的时候，应该把刀叉放在盘子上。手里握着刀叉的时候切勿指手画脚地谈话，也不要把刀叉竖起，这会让人感到"胆战心惊"，并且不小心的话或许会造成一些危险！

女人不可不知的家庭礼仪

从古到今，中国都是一个非常注重家庭礼仪的国家，林徽因是大家名媛，对家庭礼仪更是看重。她对长辈尊敬，对弟妹友爱，家人来客人了，她以礼相待。一个懂得家庭礼仪的女性，才能让家庭和睦和兴旺。

礼仪社会中最基础的礼仪也就是家庭礼仪。所谓家庭礼仪，指的就是人们在长期的家庭生活中，用来沟通思想、交流信息、联络感情的过程中逐渐形成的约定俗成的行为准则和礼节仪式的总称。家庭礼仪是家庭生活中亲子关系还有兄弟姐妹、亲戚朋友以及邻里之间关系的礼仪规范。懂得孝敬父母，关爱长辈，不但能够培养了自己的良好品德，还可以给我们的家庭生活带来和谐、幸福和欢乐。"不幸的家庭有各自的不幸，但是幸福的家庭却一样幸福。"这里所说的幸福是需要建立在礼仪的基础上的。"相敬如宾，白头偕老"阐述的就是夫妻间也要有礼节才能够幸福一辈子的道理。"父子和而家不败，兄弟和而家不分，夫妇和而家道兴"，由此可见"和"是关键，"和"就是指相互谦恭有礼的意思。家庭礼仪在现在的社会生活中发挥着极其重要的作用，简单来说，家庭礼仪是维持家庭生存和实现幸福的基础，家庭礼仪可以调节家庭成员之间达成和谐的关系，家庭礼仪也有利于社会的安定、国家的发展。建设礼仪社会，最基础的就是需要学好家庭礼仪。所以，学习家庭礼仪礼节，以此来使你的家庭更加美满！

如何与婆婆相处

（1）把婆婆当成自己的妈妈：你们本来就是一家人啊！你是小她一辈的媳妇，如果事情没有做好，只要不是恶意中伤，偶尔被婆婆不疼不痒地说一句也是理所应当的。你不把自己当外人，她心里也就会舒服得多。

（2）用心倾听婆婆的诉说：人老了自然就喜欢回忆往事，所以不要嫌弃婆婆唠叨，假如你可以细心地听婆婆述说往事，她可能就会视你为知己。

（3）学着去适应婆婆的生活。就像寻求两个人的共同点，尽量多表现出一些和婆婆一致的兴趣，这样就会有助于你们相互沟通和理解。

（4）善于向你的婆婆道歉：遇事要冷静，就算是和婆婆发生矛盾或冲突，也要尽量克制，一定不要大发雷霆，要先让自己冷静下来，然后再和婆婆继续讨论问题，假如是你做错了，你就要学会向婆婆道歉，真诚地说一句"对不起"，就会使得大家的日子都好过些；当然，就算不是你的错，她毕竟是长辈，要记住无论什么情况下都要保持对她的尊敬，总而言之，你就是不可以生她的气。

（5）不要在婆婆面前与丈夫表现得过分亲热：假如你是和婆婆同住，就一定别当着婆婆的面有什么"肉麻"的举动，这种行为是最让老年人反感的。

（6）送礼物给婆婆也不失为一个好方法：送婆婆的礼物不需要太过贵重，太贵重她就会觉得你很浪费。平时可以留意一下婆婆的喜好，她可能就会因为你送的一盒糕点或是一条围巾而感动不已。

（7）不要与婆婆比较：婆婆对自己的女儿、儿子比对媳妇好，那是天性，所以没有必要嫉妒。万事想开些，一家人相处不免会发生矛盾，一定不要把发生的不愉快的事情看得过重，要学会忘记不愉快的事情。毕竟大家还要一起生活。

兄弟姐妹相处的礼仪

一个家庭的幸福不单单是父母的关系，能否愉快和幸福，更多的情况是取决于兄弟姐妹能否和睦相处。假如兄弟姐妹之间可以互相体贴关心、互相帮助，产生矛盾的时候不争不吵，互谅体谅，这样的家庭，就一定会非常幸福。但是，在生活中，兄弟姐妹之间要做到处处符合礼仪，也并不是一件很容易的事。因此，作为一个女孩你应该怎么做呢？

假如你是姐姐，那就以身作则，努力成为父母的得力助手；尽量多干家务活；遇事要宽宏大量，不和弟妹斤斤计较，更不要以为他们比自己小就随意指挥他们干活；当弟妹求教或请求帮忙的时候，应该耐心帮助和解答，不要露出不耐烦或不屑帮忙的神情，然后尽量展示你大姐的"风范"。

如果你是妹妹，那么就尊重你的哥哥姐姐吧。不可以存有"我比你小，你应该让我"的优越感，更不能够骄横无理。当兄弟姐妹发生冲突的时候，假如你感到生气或不满，就应该坦白说出来。告诉你的兄弟姐妹你心里的真实想法，就算是"我讨厌你"这种话也要坦白说出来。然后想办法来平息争吵，尽量不要出言伤害或攻击别人，因为，最亲爱的人的伤害才是最深的。

良好的手足关系可以成为生活的原动力。尽管我们的观点、品位风格存在差异，但是兄弟姐妹却能够给我们带来终生的帮助、鼓励。总而言之，兄弟姐妹之间需要相互谦让，彼此爱护；长爱幼，幼尊长，情同手足，因为在这样的家庭中才能够健康、快乐。

邻里相处"忌"与"宜"

邻里间相处最忌讳的就是：谈笑逗趣，不讲分寸；经济往来，账目不清；得理不让，不听劝解；不顾场地，栽树种花；家庭建筑，妨碍他人；放养家畜，有碍卫生；见难不救，幸灾乐祸；轻信纵容，偏袒子女；背后议论，猜忌嫉妒；恶语谩骂，动手打人……因此，想要和邻里和谐相处，就应该尽量避免此类情况的发生。

——林徽因的女人哲学

与邻里相处应该时刻表现出乐于助人的样子，当左邻右舍遇到困难的时候，应该尽力给予帮助；适当走动，以此增进邻里间的相互了解；礼貌用语来点幽默，当邻里间有小矛盾的时候，讲几句不伤和气的俏皮话，就能够起到春风化雨的作用；善打招呼，热情寒暄，减少一些不必要的隔阂；当好"二传手"，就像顺带信报，邻居家有人来访未晤的时候，可以代为传言或是保管物件等；举手之劳，如果邻居外出，突遇下雨的时候可以代为收取衣衫等；礼尚往来，邻里间有喜庆类事，可以量力而行待以礼遇；主动谦让，邻里发生矛盾的时候，主动寻求和解；善于反省，将心比心地来尽量化解矛盾。

待客礼仪

当你得知有客人将要来访，就应该提前做一些准备。就如：服饰要整洁，家庭布置要干净美观，提前准备好水果、菜肴等待客用品。客人到来的时候，应该提前到门口迎接，为了表示重视与热情，迎接的时候最好是与家人一起前往。

敬茶的工作应该在客人入座后才进行，取出杯子，当着客人的面把杯盖揭开。注意一定要盖口朝上放在茶几上；倒入适量开水，烫片刻后把水倒掉；再放入适量茶叶，掺上约三分之一杯开水，把杯子盖好；从客人的左边为客人上茶；茶叶泡开的时候，再为客人掺上开水。同时还要注意掺茶的时候要用右手拿茶杯盖子，假如要放在茶几上，盖口要朝上；要注意水不可掺得太满，通常约为杯子八分满就可以了。

给客人端茶的时候也应该注意一些细节。根据我国的传统习惯，应该双手给客人端茶。对有杯耳的杯子，一般是用一只手抓住杯耳，另一只手托住杯底，一定不要用手指捏住杯口边缘往客人面前送，这种敬茶法既不卫生，也不礼貌，怎么能够与精品女人相匹配？

招呼客人吃水果、点心之前，应该帮助客人先洗手。把洗净、消毒的水果和水果刀交给客人削皮。假如代为客人削皮，通常只应该削到你的手指就要碰到以削过的果肉为止，剩下部分最好在向客人致歉后请客人自己削掉，这样做就是为了要保证清洁卫生。

假如你的客人没有尽兴就要告辞，应该用十分的诚意挽留，如果客人执意要走，就要等客人起身后再起身相送。送客的时候请客人走在前面，快到门口的时候，应该帮客人把门打开，让客人先行。对远道而来的客人可以送到车站、港口。对本地客人，则应该送到大门口、楼下。与客人告别的时候，要与之握手，并说"再见"。直到在你的客人离开你的视线后，方可以返回。

做客礼仪

再好的关系，也不要忘记你是客人的身份。因此，到别人家里做客规矩是一定要遵守的。进入室内之前应该敲门；未请入，不可闯入；未请坐，不可坐下，雨伞等物，应该留于室外或主人指定处；假如主人有事，就应该速速退去；未见主人，可以留便条；旧客去的时候，新客要起立相送；访问时间一定要选择在主人方便的时候；

室中珍贵之物，在没有经过主人允许，一定不要拿起耍弄；坐要讲究姿势，注意适当和自然，如果坐得笔挺，不敢动弹，就不免会拘束，主人也会尴尬；进餐的时候举止要文明礼貌，"不马食，不牛饮，不虎咽，不鲸吞，嚼食物，不出声，嘴唇边，不留痕，骨与秽，莫乱扔"。面对一桌子美味佳肴，不要急于动筷子，必须等主人动筷说"请"之后你才可以动筷。不可始终不作声，不要常常看手表，或做出心烦意乱的样子；初访，不适合久坐。探望病人，应该注意安静，要尊重医护人员的意见；亲友、同事、同学、老师生病，应该去探望，但是不宜久谈；平时不相识者，不可以贸然造访；说了告辞，就应该立刻起身。此外，带一点小小的礼物上门是最好不过的，因为精致女人是懂礼貌的。

家庭礼仪的重要性

"做人先学礼"，礼仪教育是人生的第一课。礼仪必须通过学习、培养和训练，才能成为人们的行为习惯。每一位社会成员都有义务和责任，通过学习礼仪、传承礼仪，自然而然地成为这个民族和团体的一员。个人文明礼仪一旦养成，必然会在社会生活中发挥重要的作用。礼仪是一个人内在素质和外在形象的具体体现；礼仪是个人心理安宁、心灵净化、身心愉悦、个人增强修养的保障。礼仪的核心是倡导人们要修睦向善。当每个人都抱着与人为善的动机为人处事，以文明市民的准则约束自己时，那么，所有的人都会体验到心底坦荡、身心愉悦的心情。

家庭礼仪与社交礼仪同样重要，家庭是以婚姻和血缘为纽带的一种社会关系。家庭礼仪可以使夫妻和睦、父慈子孝、家庭幸福。学习家庭礼仪并不是为了个人形象的塑造，而是通过种种习惯形成的礼节、仪式来进一步沟通感情。俗话说"亲戚亲戚，不走不亲"，就是强调亲友间的感情有了血缘关系的基础，还必须得通过一定的礼仪手段来维持、强化和巩固。婚嫁喜庆、乔迁新居、寿诞生日等，通过礼仪的传播，能够使得更多的人体会和享受，这一传播过程的最终目的就是为了加强感情联系。因此，学一点家庭礼仪，并且尝试去做吧！就从现在开始让你的家庭变得温馨而又和谐。